身体が語る人間の歴史

人類学の冒険

片山一道 Katayama Kazumichi

★――ちくまプリマー新書

265

目次 ＊ Contents

第4章　身体で輪切りする「人種」神話との決別……90

ほかの動物から見たら、あるいは人間は、伝説上の怪異動物である鵺《ぬえ》のような存在なのかもしれない。

その鵺というのは、頭はサル、胴はタヌキ、尾はヘビ、手足はトラ、声はトラツグミに似ているという。もしもカピバラかなにか、人間以外のほかの動物が動物園を経営するようなことがあれば、人間のケージには「ホモ・サピエンス、別名ヌエモドキ」といった変な名札がつけられるのかもしれない。

人間は、それほどに、とらえどころがない存在なのだ。そんな人間を相手にするわけだから、人類学という学問もまた、鵺のようにとらえどころがない性格をもっている。そんな学問を専門としてきたのが、わが半生である。

人類学者としての私は、なにはおいても「等身大の人間」主義、ことに人間の「身体主義」を看板に掲げてきた。すなわち、人間の文化や社会のことではなく、人間の身体のことに自らの関心を傾けてきたわけだ。たとえば、身体から見るときの人間という動物種の特異性だとか、人間集団の多様性だとか、一人ひとりの人間の個性だとか。あるいは、地域性や時代性として表れる身体現象の歴史性だとか、――そんな問題に強い関心を寄せてきた。

本書は、そのような「身体主義」の人類学の視点から、人間という存在をとらえなおしてみようとする試みである。どの著者にも、それぞれ独自の哲学があり、書き方があるものだが、私なりの引き出しから、いくつかのテーマを取捨選択した。それらをブレンドしようとしてみた。もちろん、もっと多くのテーマを選んでみたのだが、その多くは捨てた。「なにかを捨てない者には、なにも得られない」のたとえどおりに。その結果として、目次のような内容となった。

私は人類学者としては、一見すると「身体」系のスペシャリストのようなのだが、よくよく考えると「なんでも」系のジェネラリストだったのかもしれない。あっちに行ったり、こっちに来たり、あれやこれやの迷い道、道なき道を行き来してきたものだ。

ときに「見境ないですな」と言われつつも、世界のあちこちに出かける機会をいただいた。だから現地調査の臨場体験、つまりは喧嘩《けんか》の場数を踏むことには恵まれた。そんな記憶が今となっては遠い昔の線香花火のようだ。あのとき思ったこと、そのとき考えたことが、今もパチパチとはじける。その一方で、考古学の遺跡で発掘される古人骨《こじんこつ》の研究にもいそしんだ。おかげで「書斎派」の蘊蓄《うんちく》はないものの、「考える足」派（第2章参照）の思考法が身についたようだ。

本書でも、あっちに行ったり、こっちに来たり、あれこれと冒険してみた。

第1章では、なぜに人間は「ヌエモドキ」であるのか、そのゆえんを「身体主義」の立場から解読してみた。そして、そうした人間のおかしな異形性（つまりは人間性、あるいは人間らしさ）が、まだ人類と呼ばれる頃からの移動癖の帰結であることを考察する。そう、人間とは「考える足」なのである。

第2章では、人類学とはなにか、特に私が専門とする自然人類学とはなにかについて、ポリネシアでのフィールドワークを題材にして紹介する。ポリネシア人の身体特徴を調べていくと、彼らのアジア人起源を物語る興味深い事実が浮きぼりになってくるのだ。

第3章以後は、哺乳類の常識から逸脱するような人間の特性、つまりは人間の人間たるゆえんについて、つぎつぎと数えあげてみた。そうして、そのいくつかを各章のテーマにしようと目論《もくろ》んだ。

まず第3章では、人間の多様性について考えてみた。人間はみな、ただ一つの種のはずなのに、多様性のほどは、ただごとではない。でも本質的な違いではなく、それは見かけのことにすぎない。人間が移動人（ホモ・モビリタス）であり、ことのほか移動性と放浪性に長《た》けるがゆえのこと。ともかく、人間の移動性と人間の多様性とは、扉の内側と外側の関係のようなものだ、と指摘しておいた。

なによりも人間は旅が好きだ。ただ旅をするだけではない。ときに弾《はじ》かれたように壮大な旅をする。さらには、海のうえをも旅する。さらにさらに、海上を移動するだけでない。海中活動が達者な人たちもいる。陸を歩くように海を泳ぎ、まるで海獣のように潜水する者さえいるのだ。この海と関わりの深い性格は、ほかの陸上哺乳類では類をみない。どんな成りゆきを経て、人間は海と近しくなったのだろうか。その歴史を簡単にたどろうと試みた。

第4章では、さらに連想ゲームをふくらませた。人間の多様性の延長線上にある少々しんどい問題、いわゆる「人種」概念の問題について考えてみた。この問題はながらく、わが頭のなかに棘《とげ》のようにしてある。そこで唐突のそしりを免《まぬが》れないだろうが、この概念の曖昧さとまぎらわしさ、「人種」言説のかびくささに対して、いささか青くさい議論を傾けてみた。身体的多様性と心理的多様性、身体的差異と気質的差異などとをからめる「人種」論の残滓《ざんし》のようなものが、まだ案外、われわれの無意識の底に潜むように思えるからだ。

また、本書では、いくつかの章にまたがり視点を変えて、「ポリネシア人のことを知ってほしい」というメッセージを発している。第5章では、「海をめぐる人間の歴史」と題して、人間の生活環境としては特殊すぎる南太平洋の島々のこと、ポリネシア人の祖先たる「石器時代の遠洋航海者たち」がなし遂げた島々の発見・植民・開拓のこと、ポリネシア人に独特の身体特徴のこと、彼らが育《はぐく》んできた生活と文化と歴史のことなどを、つまみ食いするように紹介した。

第6章では、その乗りが昂《こう》じて、あえてポリネシア人とラグビーとの関係について、あれこれと触れてみた。人間という存在のありかた、普遍性と個別性、来《こ》し方と行く末などを考察するべくモデルとなると考えたからである。

最後に、第7章では、いわゆる「明石原人」と「高森原人」について論じた。いまは幻の「明石原人」は、昭和のある時期、こと日本では有名すぎる人類であった。その名前は忽然《こつぜん》として、歴史教科書や歴史物の類《たぐい》から消えうせた。「明石原人」は一九八〇年代のこと、その仲間の「高森原人」は二〇〇〇年のことである。それらの名前が生まれ、あるとき市民権を獲得し、人知れず消えていった経緯につき、いささかなりとも総括しておくのは、少なくとも人類学に身をおく者には義務のようなものだろう。身体の歴史を研究する際の大きな問題が潜んでいると考える。げに昭和は遠くになりにけり。

ともかく本書を通じて、読者のみなさまの人間観が深まり、人間の歴史に対する「身体主義」の見方が少しでも広く根をはることになれば、そんな人類学を稼業としてきた私は、まことに果報者ではある。

第1章　身体でたどる人類史——人間はホモ・モビリタス

1　人間とはなにか

「人類学的人間像」を求めて

「人間とはなにか」、ときに、そんな哲学的命題をかかえて呻吟《しんぎん》する「考える葦《あし》」のようにありたい。ときには、「日本人とはなにか」などと考えながら、ゆるやかな昼間のひとときを過ごしてみたい。またときには、「われらはどこから来たのか」とうそぶきながら、遠くの町を旅してみたい。

「人間とはなにか」、これは特別な難問に違いない。まるでギリシャ神話にあるシシュフォス（シジフォス）の苦行難行のようなもの。大石を押し上げる苦行を永遠に課せられたようなもの。いきつくところがない。永遠に解決することができない。いつまでも問い続けなければならない。終わりがなくとも、問い続けることの不条理さよ。それこそが人間の人間たるゆえんなのではないだろうか。

この難問にとりかかる最初のステップは、どんな鏡に自分たちの姿を映してみるか、あるいは、なにに人間を対比してみるか、という方法論の問題となろう。「吾《われ》思う、ゆえに吾あり」などと漫然とかまえてみても、なにも始まりはしない。自然人類学者として過ごしたわがスタイルで、人間という動物種のこと、文化をもつ動物たる人間の立ち位置のこと、人間の顔立ちと体形のこと、人間の歩みと歴史のこと、などなど、さまざまな視角で考えることから始めよう。

まずはともかく、万物の霊長たる霊長類の一員として考えることにして、もっとも身近な存在である類人猿と対比することから始めたい。

たかが人間という動物であり霊長類の一種であれども、ただたんに生物学的な存在としてみるのが容易でないのも、またたしか。そもそも、石器の工夫とか火の発見などで始まった文化的意匠が、人間そのものを「超」自然的で「反」生物的な存在に変えてしまった。

たかが人間、されど人間――ユニークな存在

かれこれ六〇〇万年に及ぶ人類の歴史。そのほとんどは、ほかの動物と同様、まわりの自然に強く束縛されながら、その許される範囲でつつましく暮らしてきた。だがもはや、かな

らずしも自然は暴君のごとく立ちはだかるだけではない。人間は生物の埒《らち》さえも超えてしまったかのようなところがある。

だから「超自然的であるとのおごり」、そして「反生物的で動物らしからぬところ」が人間性なのであり、人間らしさであるという逆説めいた言いかたが成りたつ。そう、人間は神をも恐れぬ存在となり、あらゆる動植物を支配し君臨する存在となった。あるいはなり果てた。とすると、いくら動物としての人間を追い求めたとしても、人間の本質は見えてこないことになってしまう。

いや、そうは言っても、すべてを超越した神のような存在では、もちろんない。生物としての部分を抜きにしては人間のことを語れないのも、またたしか。人間が動物界で、脊椎《せきつい》動物の哺乳類、霊長類の一員であることは、いまも昔も変わりはない。なかでもアフリカに現生する大型類人猿のチンパンジーやゴリラの仲間ととりわけ近縁であり、これらの類人猿とともに、ヒト科動物という分類のカテゴリー（群）を構成する。

つまり、われらは、霊長目ヒト科ヒト属のなかの唯一の現存種「ホモ・サピエンス」なのである。このように人間の本性は正真正銘、なんの変哲もない動物種なのであり、「たかが人間」であり。人間という名前の「サル」の仲間でしかない。

しかし同時に、「されど人間」でもあるのだ。

あまたの動物種のなかで、あるいは約二〇〇種にものぼる現生霊長類（「サル」類）のなかでも、とりわけユニークで異色、変わりものの存在であるのはまちがいない。なにがユニークかというと、まずはその姿態と身体とである。直立二足歩行を常態とする姿勢は、とりわけ際だつ。ほとんど体毛を失った全身の皮膚、頑丈すぎる下肢と大頭のプロポーションなども、ただ者とは思えない。ともかく異形《いぎょう》のほどは全身にも細部にも及ぶ。

個々の行動や存在ぶりも異常ずくめである。地球上の陸地という陸地に満ちあふれている。悪食《あくじき》であるから、なんでも食べるし、食べようと試みる。文化などと称して、衣服を着る、家を建てる、木石や骨角や金属等を材料になんでも作ろうとする。ほかの動物を意のまま気のままに殺しまくるし、仲間同士を大規模に殺戮《さつりく》する戦争もまれではない。あちこちを見境なく動きまわり、大勢で遠くに出かけて彷徨《ほうこう》し、ともかく移動好きで性交好きの性癖などを含めて、尋常ならざる点は数えあげたらキリがないほどだ。

そんなわけで本当のところは、当の人間誰しも、自分たちのことを「ただのサル」などと思っているわけではない。むしろ潜在意識では、ほかの動物と混同されることを不名誉に思い、自然をも超越する特別な存在などと自負心を抱いていたりする。そこで、「人間はどこまで賢いのか」との人間論、あるいは「人間はどこまで愚かなのか」と、「やぶにらみ」の人間論が流行したりする。

知恵あるヒト、工作するヒト、遊ぶヒト

そもそも「人間とはなにか」などと、おかしな哲学問答のごときを、ときどき真顔で発するのも人間の人間たるゆえんだろう。スウェーデンのC・リンネが命名したごとく「知恵あるヒト（ホモ・サピエンス）」のせいか、文字が普及してきた古代ギリシャの頃より、ただひたすら自らを哲学的に理解すべく努力を傾けてきた。文学がしかり。たとえば『吾輩は猫である』の主人公などは、実に、お見事である。そうした人間のおかしさや不条理を傍観者的に（あるいは客観的に？）喝破するからこそ、その諧謔《かいぎゃく》が「ひねり」味となり、はかなくも愉快で哀《かな》しい見事な人間論がなりたつ。

哲学的な人間論の例では、たとえばアリストテレス。彼は、「社会的な動物」であることに、人間の本質を求めた。近年では、フランスの哲学者ベルグソンは、人間のことを「工作するヒト（ホモ・ファベル）」と命名した。工夫を凝《こ》らして道具類や生産手段を作ることに人間の本質があるというわけだ。また、オランダの文明史家ホイジンガは、「遊ぶヒト（ホ

モ・ルーデンス）」であることこそが、人間の本質であるとみぬいた。つまりは「遊びをせんとや生まれ」、文化を革新することに人間の特徴があり、人間のすべての文化は、そもそもは、そうした遊びとして発展してきたのだと考えたわけである。

そのほか、人間論の試みは数えあげるとキリがない。いわく、「狩りをするサル」「悪食のサル」「言葉を喋《しゃべ》るサル」「歴史を振りかえるサル」「夕陽を楽しむサル」「旅をし続けるサル」「絵を描くサル」などなど、と。ともかく肥大しすぎた脳をもてあそんで、「人間とはなんぞや」と、なんの腹の足しにもならぬことに懊悩《おうのう》し続けるのが人間なのであり、そこにこそ、人間の本当の姿が見出せるのかもしれない、というわけだ。

人類かならずしも人間ならず

ところで、「人類」「ヒト」「人」「人間」などなど、「人間のような動物」「人間の類の動物」のことを指す言葉は少なくない。ゴチャゴチャと曖昧に適当に使ってもかまわないが、それでは紛れが生じやすい。言葉の綾《あや》を表現しにくい。実際には、それぞれに微妙にニュアンスが異なるから、少しだけでも交通整理をしておいたほうがよいだろう。

まずは「人類」であるが、これは相当に広い概念であり、哺乳類や霊長類などの言葉に対応して常用される。いうならば、人間の格好をした動物の総称、つまりは直立姿勢で二足歩行をする人間の仲間の動物ということである。かならずしも人間、あるいは現生人類（ホモ・サピエンス）だけを指すわけではない。

今から五〇〇～二五〇万年も前の鮮新世《せんしんせい》（Pliocene）に東・南アフリカに生存した猿人類（オーストラロピテカス、もしくは、アウストラロピテクス）の仲間たち（何種もいた）。そして、その前の中新世（Miocene）終盤にチンパンジーから進化した最初期の猿人類。さらには、鮮新世の次の更新世（Pleistocene）の二五〇～二〇万年前の頃にいた原人類（ホモ・エレクトス）の仲間たちや、猿人類の生き残り種など、「人間もどき」をも包括する概念である。もちろん、一〇数万年前から三万年前頃にいたネアンデルタール人などの旧人類、ついに新人類となり地球上にはびこった人間、あるいは現生人類も含む。

この「人類」に共通する属性は、ともかく直立二足歩行をすることにある。体毛が非常に少ないこと、大脳が大きいこと、言語をしゃべること、手先が器用なことなどの有無は問わない。

猿人類などは、類人猿のことをヒトニザルと呼ぶならば、さしずめサルニビト。あるいは類猿人と呼ぶべき人類。現生人類の大きな特徴である大頭ということで言うならば、まだチンパンジーなどの類人猿と変わらない。たまたま直立二足歩行の体勢をとっていたがゆえに、「人類」たりえるのであり、そこに分類されるだけのことである。人間とは似て非なる存在、むしろチンパンジーなどのほうに近い位置にあるといえよう。

その後に出現した原人さえも、まだまだ発展途上の人類グループ。人間のユニークさを十分に備えていたわけではない。そもそも人間の誕生は進化の産物なのである。頭でっかちのチンパンジーが忽然《こつぜん》と生まれたわけではない。人類の始まりから人間に至るまでには長い進化の道のりがあり、いくつかの段階があった。類人猿、猿人類、原人類、旧人類、現生人類（新人）という順番で段階を踏んできたのだ。

人間とは、知恵ある人類のこと

「人間」とはもちろん、現生人類であるホモ・サピエンスのことである。つまり、猿人類や原人類は「人類」ではあるが、「人間」ではない。しかるに現生人類は「人間」であるとともに、「人類」でもあるわけだ。

ちなみに「人間」という言葉は、そもそもは「じんかん」とよみ、仏教用語であるらしい。「人間万事塞翁《さいおう》が馬」の「じんかん」である。人界あるいは世間の意であった。それが、いつの間にか、高度に精神的で文化的な活動をいとなむ大頭のホモ・サピエンスの意で使われるようになったというわけだ。その経緯については、みなさん、調べていただきたい。

もちろん今から何万年ほどか前に、ヨーロッパなどに分布していたネアンデルタール人などの旧人類も、すでに、人間となるに至る境界を越えていたのではないか、と私は考える。今や定番化した感がする、ネアンデルタール人＝「人間になりそこない」説には、たいそう抵抗を覚える。

なぜならば、人間の最大の特徴は、なんといっても、霊長類のなかでも異常としかいえないほどに発達した大脳系にある。実のところ、ネアンデルタール人の頭（脳頭部分）の大きさは、現生人類に遜色《そんしょく》ないほどであった。むしろ大きかった。このことから、彼らの大脳系は、すでに十分に人間の域に達していた、と考えるのが妥当ではなかろうか。

では「ヒト」とはなにか。これは単純明快のようなのだが、同時に曖昧《あいまい》でもある。「人類もしくは人間を表す和学名」（生物学的用語）だが、『日本語大辞典』や『広辞苑』には「ヒト」の項目がない。そもそもは、「人間」か「人類」を意味する生物学的表記法である。あるいは、人間種などの属名ホモ（Homo）の邦訳語である。そのときの文脈により、「人類」のことなのか、「ホモ」のことなのか、はたまた「人間」のことなのか、汲《く》み取らねばならぬ。それが「玉に瑕《きず》」というところか。

さらに「人」とはなにか。「ひと」とはなにか。ある意味では、もっともわかりにくい。困惑さえ覚える。ともかく、曖昧にすぎるのである。われら人類学者も例に違《たが》わず、これらの言葉の使用には頭を悩ます。だから人類学の文脈では使わない。「人間」も人、一人ひとりのひとも人。さらには、人類も人（なのか）。どんな風にでも使える便利そうで不便な言いかたなのだ。

人間と大型類人猿——外観は違うが遺伝子は似る

ともあれ、人間も霊長類の一員であるが、その中では、とりわけ異端の存在である。もっとも近縁なチンパンジーやゴリラの仲間との間でも、広くて大きな深い溝がある。ならば、チンパンジーやゴリラと対比することで、人間ならではの特性をあげるのは、案外たやすいことなのかもしれない。

人間と、チンパンジーやゴリラの現生大型類人猿とを分けるのは、DNA配列（ゲノム）の違いではない。みかけの形態、すなわちゲシュタルト（外見）の違いなのである。遺伝子や細胞などのミクロのレベルでは区別できない。両者は、ほとんど違わないのだ。ところが、

図1　個人レベルでの人間の特性

個体のレベルで、集団のレベルで、さらに種全体のレベルでと、より巨視的にマクロのレベルで視《み》るほどに違いが鮮明になる。

だから、DNAなど超ミクロのレベルで構造を調べる還元論《かんげんろん》の方法で、人間とチンパンジーなどとの違いを分析するのは、たやすいことではない。むしろ難しく考えることになりかねない。つまり両者は「似て非なるもの」の逆であり、「本質においては同じなのに見かけだけがずいぶんと異なる」わけだ。

こんなわけで、チンパンジーやゴリラと対比して、人間のことを言い表すとすれば、人間とは、身体の中身は変わらず外見だけが大きく変化した大型類人猿、つまりは「変質した類人猿」ではなく、「変容を遂げた類人猿」ということになろう。このことこそが、人間の特異性、あるいは人類の進化の特殊性をうまく説明することになるのではないか。

一般に生物の進化は遺伝子の変化と表裏をなすのだが、人間に至るまでの人類の進化、つまりは人間の異形性をもたらした進化のプロセスは、かならずしも遺伝子の変化と連動していない。そんなことを意味するわけだ。

もう少し具体的に、人間と現生類人猿との違いを比べてみよう。まさに直立二足歩行の体勢こそが、人間の身体をして、類人猿どころか、あらゆる動物の範疇《はんちゆう》を超えた姿形《すがたかたち》に変えてきたのである。海獣類で見るような貧毛性と体毛のおかしな分布も、まるで類人猿とは異なる。また人間では「手」と「足」、あるいは「上肢《じようし》」と「下肢《かし》」とが、はっきりと分化しているばかりでなく、その手の器用さ、手の指の器用さ、さらに足の不器用さときたら、類人猿の比ではない。これら特異性はいずれも、人類が直立二足歩行を始めたことに由来する。

さらにきわだって違うのが、頭顔部である。解剖学的に言う「頭」の部分である。脳頭部が大きすぎ、顔面部はまああの大きさだが、顎が小さすぎる。「顔」は、表情筋類が発達しているから、緩めたり、歪《ゆが》めたり、ひきつったり、非対称に動かしたり、目をクルクルとまわしたり、などと、さながら百面相の趣である。これも直立するようになり、「顔」が、一人ひとりの個体の玄関の役割を果たすようになったからである。

身体行動のレパートリーについては、ますます類人猿との違いが歴然としている。言葉を交換しあって、整然と隊列を組み、情動を激しく表現したりして、団体行動が得意である。骨盤構造とか下肢の筋肉骨格構造とかと連動して、ただひたすら歩き走り、長い長い距離を移動する行動が可能である。それとともに汗腺機能が発達しているがために、マラソンや競歩など、長時間にわたる特殊な重労働も可能だ。オリンピック競技のどの種目にしても、ディスコ・ダンスのようなおかしな運動にしても、人間ならではの活動といえよう。これらもまた、人類が直立二足歩行を始めたことに端を発する人間の得意技である。

2 ホモ・モビリタスの冒険

人間は汎地球性動物

つぎに、動物界のなかでの人間の異様さについて、まったく別の角度からアレコレと論じてみよう。地球上の分布域や生息範囲の観点、さらには、一つの種における多様性の観点からである。

一つの自然動物種は、普通、海棲《かいせい》動物などを除くと、気候条件や地理的条件、地形条件や生態条件などによって、その分布域が制約され、ある限られた地域にのみ生息する。このことは生息環境に対する適応能力や、長距離を移動する能力とも大いに関係する。また、できるだけうまく、ある環境に適応すれば、そこでしか暮らせないように特殊化してしまうし、いったん獲得したテリトリーを防御するためには保守的にならざるを得ないからである。

ある動物が、たまたま、のぞましい気候変動に乗じて広範囲に拡散できたとしても、たいがいの場合、時間とともに、いくつかの集団に分断化され、それぞれが種分化することになる。それゆえに、ひとつ一つの種の分布域が狭い範囲に限定されることになるわけだ。

ところが人間の場合、気候条件や地形条件などにおかまいなく、およそ地球上にあまねく、陸地という陸地に住んでいる。まさに汎《はん》地球性の分布をなす。たしかに人間以外にも、鼠や蠅、蚊やゴキブリなど、同様な分布を示す種がいる。だがそれらは犬や猫、馬や羊などの家畜類と同じで、人間に追従してそうなっただけのことである。気の向くままに自力で広がった人間と、お邪魔虫のごとく他力本願で広がった蠅や馬などとでは天と地ほどの違いがある。

もちろん、汎地球的に分布するにいたるには、人間の環境順応性、したたかさが発達し続けたことによるところが大きい。移動好き性交好きの性癖が種分化の妨げになっただろうし、それに種分化するのに十分な世代数が経過しないうちに地球に満ちあふれることになったのであろう。

そもそも、まだ人間の前史にあたる原人類の頃に、大脳系が発達し始めたから、ほとんど身体の改造を必要としないで文化的な適応手段を工夫できた。もともとの雑食の嗜好《しこう》がゆえに、食べ物の違いには、さほど苦労はなかっただろう。その一方で、さまざまな物欲嗜好欲を満たすべく好奇心が旺盛となり、新たなる土地にどんどん移動するようになった。その結果の汎地球性なのである。

ホモ・モビリタスの向かう道——人類の分布拡大現象

人類は新しい生活圏に飛び出て、そこを積極的に開拓していった。つまり、移動するヒト（ホモ・モビリタス）だったからこそ、ついにはヒト科の賢い種たるホモ・サピエンス（人間）となりえたのだ。人類が地球を開拓した歴史には、三つの特記すべき分布拡大現象があった。それぞれ「出森林《しゅつしんりん》」（脱森林）、「出《しゅつ》アフリカ」（脱アフリカ、またはアウト・オブ・アフリカ）、「出アジア」（脱アジア、またはアウト・オブ・アジア）である。

「出森林」は人類が誕生した頃、まだアフリカ東部の一部に分布が限られていた頃の話だ。森林地帯だけでなく、サバンナの草原地帯でも生息できるようになったときの現象である。かくして、より広い生態圏で生活できるようになった。

地域・時期区分	年　代	%
1. 人類の誕生（東アフリカ）	およそ600万年前	
2. まずは「出森林」	約400万年前	3%
3. 次に「出アフリカ」 （ユーラシアの中緯度に拡散） 原人類の時代 現生人類の時代	 約180万年前以降 約10万年前頃	 25% 46%
4. さらに「出アジア」 サフル大陸や日本列島へ アメリカ大陸へ 太平洋世界へ	約6万年前 約5万年前以降 約2万年前以降 約3300年前以降	 60%ほど 90% 95%ほど

表1 「出森林」と「出アフリカ」と「出アジア」による人類の居住域の拡大（%は地球上の陸地面積に占める割合）

「出アフリカ」は、アフリカ大陸に局在する動物から広くユーラシア大陸にも散らばる存在へと、人類を変貌させた現象である。人類史上においては、すぐれて重大な出来事なので、このことに関連した論争が人類学では絶えることがない。この現象に関するイベントは、もちろん、少なくとも二回はあった（おそらく、もっとあったのは、まちがいない）。

「出アジア」は、「出アフリカ」によりユーラシア大陸の東部（東洋）に拡がった現生人類（ホモ・サピエンス）が、さらにオーストラリア大陸、北極圏、南北アメリカ大陸、さらに南太平洋などの方面に拡散した現象である。このあとで詳述する。ともかく、これらの拡散現象は、現生人類の多様性を説明するのにさけては通れない。とりわけ重要な人類史におけるイベントなのである。

まずは出アフリカについてであるが、いまから一八〇万年ほど前、まだ原人類（ホモ・エレクトス）だった頃に起こった最初のイベントを重視する見かたがある。それに対して、いまから一〇万年前以降に起こった現生人類による何度かのイベントを重視する見かたがある。前者は「多地域連続進化仮説」、後者は「ノアの方舟《はこぶね》モデル」あるいは「ミトコンドリア・イブ仮説」と呼ばれる。一〇年ほど前までは、たがいに激しい論争となり、大いに話題を集めていた。なぜか最近では、後者のほうに軍配が上がったかのように考えられている。その論争と経緯については、ここでは割愛する。

「出アフリカ」

もちろん、出アフリカ現象が原人段階にだけ一回きりしかなかったとは考えにくい。より知的レベルや文化力が向上し、移動力がつき、人口が増大、好奇心や物欲や支配欲などが旺盛となった現生人類（新人）の段階になると、一〇万年前の頃からいくたびか、より大きな規模で、アフリカからユーラシア大陸に向けての拡散現象があったに違いない。おそらくは、「多地域連続進化仮説」が正しいのか、「ミトコンドリア・イブ仮説」が正しいのか、AかBかの単純な問題ではないだろう。現生人類の多様性において、原人類段階での出アフリカ現象が、あるいは旧人類での拡散現象が、いくばくかの関わりをもつのか否か。それが問題の核心ではないだろうか。

わが見解は次の通り。もちろん現生人類のゲノム構成においては、地球のどの地域の人々についても、原人や旧人由来のものよりも新人由来のもののほうが優勢であろう。その理由は明らかである。出アフリカそのものの規模が、まるで違っていたのである。新人になってからのほうが、原人や旧人の頃よりも、比べものにならないほど大きかったと考えるのが妥当である。忘れてはならない。われらがゲノムにも原人なり旧人由来のものはあるだろう。

いずれにせよ、人間の祖先となった遠古の人類はアフリカ東部で誕生した。そしてその後、悠久の時間をかけて、その大陸で進化してきた。ともかく、いくたびかの出アフリカの拡散現象こそ、汎地球性動物たる人間の出発点となったのであり、その後の人間性を形成するうえで、たいへん重要な契機となったことはまちがいない。

かくして、そもそもは熱帯性あるいは亜熱帯性であり、森林性の霊長類であった人類は、地理的・風土的条件を問わない全気候型仕様の人間へと進化した。移動するヒト（ホモ・モビリタス）への第一歩を踏みだしたわけだ。それに伴い、大脳を活用する必要が飛躍的に促されて、より幅広い適応能力をもつようになった。だからこそ、またたく間にユーラシアの各地に広がり、北緯四〇度近くの温帯域、さらには、その先にある亜寒帯域にまでも進出することができたのである。

「出アジア」――ホモ・モビリタスの完成

ところで、人間が生活圏を拡大したということでは、モンゴロイドを主人公とする出アジアの拡散現象のほうがはなばなしい。さらに生活圏が二倍ほども広がり、これで汎地球性動物たる人間の地位が完成されることになった。

人間の出アジアの拡散が始まったのは、いまから六万年ほど前のこと。最後の寒冷期（海退期）の最盛期にあたる。すでにユーラシア大陸の東洋に分布を広げていたアジア系の各グループ（モンゴロイド）が、北は極北アジアへ、さらに二万年近く前には、ベーリンジア（現在のベーリング海峡が陸地化した草原）を越えてアメリカ大陸へと分布を広げた。

そして南は、海域インドネシア（豪亜地中海、一三六頁を参照）が広く陸地化したスンダ大陸へ、さらには、その南、ニューギニアとオーストラリアとが一つの大陸と化していたサフル大陸へと分布域を拡大した（およそ五万年前）。それまでに一歩も足を踏み入れたことのない南北アメリカ大陸と、オーストラリア大陸とその周辺の大きめな島々などにも、まるで堰《せき》

智恵人：	ホモ・サピエンス（H. sapiens）
直立人：	ホモ・エレクトス（H. erectus）
社会人：	ホモ・ソシエタス（H. societas）
工藝人：	ホモ・ファベル（H. faber）
遊戯人：	ホモ・ルーデンス（H. ludens）
言語人：	ホモ・ロクエンス（H. loquens）
移動人：	ホモ・モビリタス（H. mobilitas）
多様人：	ホモ・ヴァリエタス（H. varietas）
絵描人：	ホモ・ピクトル（H. pictor）
水棲人：	ホモ・アクアティクス（H. aquaticus）
その他、寡毛人、発汗人、大頭人、異形人、などなど	

表2　人間に対するネーミングの試み

を切ったように人間が進出を始めたのだ。

出アジアの拡散現象により人間という動物は、とどのつまり最終章では、哺乳類でも単孔類や有袋類《ゆうたい》、海棲類や空を飛ぶオオコウモリぐらいしかなしえなかった、オーストラリアや広く南太平洋の島嶼《とうしょ》世界に居住域を拡大することに成功した。地球の総表面積の六分の一を占めるポリネシアに散らばる星の数ほどの島々をことごとく、発見、植民、開拓したのである。ある人類学者は、大型カヌーをあやつって先史時代のポリネシアの島々を開発した偉業は、この先の未来に人間が地球以外の惑星に住み着くような冒険にも勝るとも劣らないと讃《たた》えた。まさにその通り。

とうとう人間は、北極圏から南アメリカの南端、密林から砂漠、高山帯から海洋世界にいたる地球のどこまでをも、自分たちのテリトリーに組みいれた。それだけではない。暑かろうが寒かろうが、雨がちであろうが乾燥していようが、人間としてのレベルの生活の質を保ちつつ暮らせる文化的な手段を工夫し、それぞれの地域に戦略的に適応していった。もちろん気候の違いなどに合わせて、いくらかは身体を調節し改変もしたが、それはそれ、あくまでも身体を使った適応はマイナーであり、むしろ文化的意匠の工夫と発明で臨機応変に適応を果たした。それこそが、まさに人間の人間たるゆえん、人間性というものなのだ。

こうして人間は、「移動するヒト」（ホモ・モビリタス）として、地球開拓の旅をし続けてきたことによる帰結として、汎地球的に存在することとなった。熱帯性もしくは亜熱帯性動物から出発し、ついには、全気候型の人間となった。さまざまな自然の制約を超克し、超自然的かつ反生物的な存在にもなったのだ。

移動を重ねて人類は人間になった

出アフリカや出アジアなどの拡散現象による帰結として、テリトリーが拡大し、文化的意匠が爆発的に増大するとともに、もう一つの特徴が人間に備わった。それは、一つの動物種としては桁外《けたはず》れに大きい種内多様性、あるいは地域多様性である。モンゴロイド、ニグロイド、コーカソイドなどの多型性《たけい》（同種内に存在する身体上肉眼上の可視的多様性）でもある。

もちろん、人間が手を加えてできた家畜などの品種にみられる多様性を除いてであるが。

人間の場合、ひどく多彩な地球上の自然環境に自らの身体を適合させたために生じた多様性なのである。そこが、馬や猫などの家畜とは根本的に異なる。家畜などは人間により多型的にされたのだが、人間の場合、みずからが多型への道を歩んだわけだ。このように人間にとって、汎地球性の分布と、このなみはずれた多様性とは、完全にコインの表裏をなす。

あらためて、人間とはなんなのだろうか。

人間の人間たる特性、いいかえると、動物界あるいは霊長類のなかでの異端性は、数々あれども、もっとも目立つのはなにか。まずは個人レベルで、(1)直立二足歩行をする独特の体勢があげられる。それに、(2)大脳系が異常に発達して知恵がありすぎる巨大な頭と、それに伴う文化的意匠の爆発的増加とがあげられる。そして集団のレベルで、(3)汎地球性の分布とともに、(4)なみはずれた種内での多様性をあげることができよう。

このうち、直立二足歩行の体勢は、まだ人間が人間と呼ばれるようになるはるか前の猿人類（オーストラロピテカス、またはアウストラロピテクス）となる頃に始まり、原人類（ホモ・エレクトス）の頃に完成されたのだが、あとの三つの特性については、それらが完成されていくプロセスと、人間がより人間らしくなるプロセスとは、ほとんど軌を一にするものであった。紙の裏表をなすように形成されたわけなのだ。つまりは、それらが完成されるとともに、だんだんと人間性ができあがってきたのだ。したがって、異常なほどに発達した大脳と、とてつもない広域に及ぶ汎地球性の居住分布と、動物の自然種のなかでは桁が違うほどの多様性とが、人間の本質なのだ、と結論できる。

こうした人間の本質は、まだ人類が人間に向かう旅を始めたばかりの頃の出森林現象、その後の出アフリカ現象、さらには出アジア現象の過程のなかで次第に形成された。人類から人間が生まれてくるなかで、地球上をくりかえし移動しながら拡散していくなかで、だんだんと形成されたわけなのだ。

移動に移動を重ねて、さらに移動を重ねて、人類は人間になった。その意味で、人間とは「移動するヒト（ホモ・モビリタス）」なのである。

コラム1　散歩のすすめ

とどのつまり、人間の人間たるゆえんのうち、その最たるものは、全身を支え歩行するのに特化した下肢と、異常に大きく膨らみ複雑に発達する方向に特殊化した脳である。わが専門とする自然人類学からは、そんな言いかたができる。

そもそも人間の根元は、チンパンジーの仲間と別れ道を歩んだことにある。だから人間とチンパンジーとは、たとえばＤＮＡなどの物質・分子レベルでは、ほとんどなにも違わない。ところが、チンパンジーと人間を見まちがえたりする者などいない。たとえ中身は似ていても、人間は見映えがするし、外見が見事なほどに異なるからである。

この両者の外見上の違いで、もっとも目立つのは、いわゆる「脚」、あるいは「足」。つまりは下肢の部分である。人間の場合、つねに直立し二足で歩行し、しかも長時間、歩き続けることができる足がある。また、さまざまな道具類を器用に創意工夫し、高邁《こうまい》な思想を傾ける頭がある。

この足と頭とは、同時に人間に備わったのではない。足が先、頭が後なのだ。その独特の足が先に発達していたからこそ、これまた独特な頭が進化できたというわけだ。つまりは人間の足と頭とは、紙の表裏、車の両輪のような関係にある。だから、歩きに歩いて歩きまわり、脚や足が鍛えられれば、脳の活性化につながり、思考力が刺激されるのが道理というもの。

こんなことを歩きながら考えていると、ふと、わが畏敬するA先生が口癖としていた「散歩のすすめの話」を思い出した。もうずいぶん昔に聞いた話である。ちなみに、この先生は文化勲章を授与されたほどの高名な医学者である。

「毎日、一時間ほどの散歩を欠かさない」と言う。あるとき、東京に出張した日の早朝、例によって、皇居の周りを散歩されていたのだそうだ。すると偶然、これまた高名なノーベル賞学者でもあるB先生に出くわした。その先生も散歩中だったので、A先生は挨拶したのち、「いつもどれくらいの時間、散歩なさるのですか」と尋ねた。するとB先生は「一時間半です」と答えた。

この逸話のあとに、A先生は落ちをつけられたものだ。「毎日三〇分ほど余計に歩くか歩かんかで、文化勲章とノーベル賞の違いとなるんやから、ともかく歩いて損はない、歩かにゃ、人生に悔いが残る」と宣《のたま》う。

こんなそんなの話を聞いていると、しっかりと歩きながら物事を考え、思索するのが、人間の正しい姿ではなかろうか。そんな思いがしてきて、フィールドワークで歩きまわるのを得意芸とするわれら人類学の徒は安心する。

第2章　「考える足」の人類学——フィールドワークのすすめ

1　フィールドワークはなぜ必要か

人類学とは何か——ポリネシア人研究を例に

私は身体から見る人類学を稼業としてきたが、そもそも人類学の目的は人間理解にある。なにかを理解したいと思うなら、それにのめりこんでいくことが肝心である。相手が人間である場合、深くのめりこむさまを、ひとは愛と呼ぶが、人類学の場合でも同じことが言えよう。ことに人類学は人間が相手の学問だから、フィールド（調査地）における人々と深く心をかよわせつつ、こちらの立場を暗黙のうちに認めてもらうようにならなければ、話にならないところがある。

本章では、人類学とはなにかについて伝えていきたいが、その材料として、わが「昔とった杵柄《きねづか》」であるポリネシア人研究を用いたい。それを話題としつつ、人類学のことについて、その目的や意義について、その研究方法・活動について、そのノウハウや心構えなどについて紹介してみたい。淀《よど》みに浮かんでは消え、消えては浮かぶ「うたかた」を見ながら語らうようなものだが、この学問の神髄について、あるいは研究活動について、いささかなりとも伝えることができたら嬉《うれ》しい限りである。

わがポリネシア人研究におけるキイワードは、南太平洋の小さな島々、そこに住むポリネシア人と呼ばれる巨人たち、その人たちの風変わりな暮らしぶりと生活感、埋葬遺跡の発掘と古人骨調査などであった。二〇年ほど、ほぼ毎年のように、まるで渡り鳥のように赤道と日付変更線を越え、ある期間、シャイで大柄な島びとたちのなかでつつましく暮らして、研究活動を進めた。

ここで紹介するわがポリネシア人研究の研究成果のうちで、もっとも喧伝《けんでん》すべきは、ポリネシア人が、われわれ日本人などのアジアの民族グループと遠い過去のどこかで深く交差する人々だ、という認識に達したことだ。

人類学は、人間系の科目

人類学に王道はない。人類学者というもの、いうならば、孤高の独奏者のようなものかもしれない。フィールドでは孤独そのものであり、決まったルーティン仕事に明け暮れる日々である。それでいて、なにかを見つけなければならないし、やりとげなければならないし、完結しなければならない。

「独奏者に必要なもの、それはパブのおかみのバイタリティと、仏教僧の集中力と、闘牛士の繊細さだ」との金言《きんげん》を遺《のこ》したのは、かの偉大なバイオリニスト、J・ハイフェッツである。人類学者には、それにくわえて、荒れ野をさまよう吟遊《ぎんゆう》詩人がいだくがごとき天衣無縫《てんいむほう》な想像力と、ときに融通無碍《ゆうづうむげ》にさえみえるくらいの柔軟な思考とが要求される。

「人類学とは理系科目ですか、それとも文系科目なのですか」――大学で新入生たちに講義を始めるとき、ときどき、こんな質問に遭遇したものだ。理系であろうと文系であろうと、「どうでもええやないか」と思ったものだが、彼らにとっては大事なことであるらしい、とも気づき、複雑な思いにさせられた。

だいたいが新入生諸君に限らず、「さきは理系か文系か」「理系人間か文系人間か」「理系学部か文系学部か」「理系思考か文系思考か」などなど、わたる世間の森羅万象《しんらばんしょう》を理系と文系とに二分する風潮がある。ことに日本の現代社会ではけっこう根強い。おそらくは高校生の頃などに、将来の進路を決めるとき、きびしく選択を迫られたりする結果、そういう思考法が条件づけられる。そんなことではあるまいか。最近では、お上から、文系学部や文系科目に対する言いがかりのようなつぶやき声が聞こえてくることがあり、なにやら危険なにおいがするような思いにさせられる。

そもそも「理系」にしても「文系」にしても奇妙な言葉ではある。「体育会系」とか「文化サークル系」とか、と同じで、少なくとも二〇年ほど前には、わが愛用する『日本語大辞典』（講談社版）などには載っていなかった。かつて、外国の人たちと話をするときなども、そんな意味の言葉を聞くことはなかった。ひょっとしたら、日本発信の言葉であり、ひとむかし前の日本社会に登場した「新人類」用語なのかもしれない。

さて、「人類学が理系科目か文系科目か」という質問には、「そのどちらでもありません、人類学は人類学、あえて言うなら人間系科目です」と答えることにしている。およそ人類学という学問、当然のごとく、数学や化学、生物学や地質学、歴史学や社会学などなど、理系か文系かのいずれかに仕分けされやすい既成服のごとき学問領域には属さない。はみ出しものである。遠いギリシャの昔から存在していて、現在の中等教育の基本をなす、そうした学問領域とは、ひと味もふた味も違う。それらを総合、あるいは応用することで、より深いかたちで人間の生きかた死にざまを理解しようとめざす独特な学問領域である。このことこそが人類学の真骨頂《しんこっちょう》なのである。

とは言っても、たて割り社会の日本の教育体制では、かつては、人類学者と呼ばれる者の多くは、文学部か理学部か、あるいは教養学部か医学部か、とかに所属していた。まるで泣き別れの状態におかれていた。それぞれの人類学者は、各自の研究活動としては、たとえば化石人骨や古人骨などで手仕事をしながら、人間の身体現象を探るとか、またあるいは、文化現象や社会現象を相手にするとか、などのことをしていた。だから人類学も、自然人類学（狭義には、人間の身体を対象とする形質人類学）とその応用分野と、文化人類学（あるいは民族学や社会人類学）やその発展分野とに二分され、前者が理系で後者が文系などと単純化されていたものだ。しかし基本的には、人類学は人類学なのであり、自然人類学と文化人類学とに無理矢理分ける必要などないように思う。

ともかく融通無碍で定石定番などがないところに、人類学の本質があり、面白さ、醍醐味《だいごみ》などがあるのではなかろうか。

「考える足」のごとく

人類学の目的は、「人間とはなにか」「何々人とはどんな人たちなのか」「どんな歴史を彼らはたどってきたのか」「どんな文化や社会を特徴とするのか」などなど、そんな問題を解き明かすことにある。つまりは、今の人か昔の人か、あるいは洋の西か東か南か北か、日本かどこか、なにがしかの人々を理解することにある。それも、一人ひとりの人間をではなく、なにかのまとまりをなす集団かグループの単位で、個別にではなく一般化して、相対化して、理解するのである。

くりかえすが、なにかを理解しようとするには、それにのめりこむことが肝心である。相手が人間である場合、深くのめりこむ様子を、ひとは愛と呼ぶ。だから人類学の神髄は特定の人間の集まりに対する愛、あるいは恋愛感情にも似た好奇心にあると言えよう。たとえば、ひとりの女性、あるいは男性に興味をいだき始めるときのように、広く人間という存在そのもの、人間の過去の祖先、今昔の民族集団などに好奇心をいだいたときが、人類学の出発点である。

わたしの場合、あこがれの対象としたのは、南太平洋の島々に住むポリネシア人であった。まだ人類学の門をくぐる前、人類学の世界で一人歩きするようになる前の頃のことである。ポリネシア人と呼ばれる人々に対するイメージが、しだいに私のなかで膨らんできた。おそらくは一九世紀の後半の頃に西欧人の心をとらえた楽園幻想のごとき心情があったのではあるまいか。その契機とか理由を詮索《せんさく》しても仕方あるまい。最初は、ただなんとなく。誰かとの人生の出会いのときにいだくのと変わらない思いをいだくことになったわけだ。

もう一つ、人類学に欠かせない活動がフィールドワークである。ただあこがれ続けているだけでは仕方ない。相手の側にかよい続け、相手の人々と心をかよわせ続け、彼らの土俵に足を踏みこみ続けることが欠かせない。けっこうハードでタフな仕事ではある。心身ともに、頭も足も、歯や顎にいたるまでも、ゆるぎなきバイタリティが必要となるわけだ。

そもそも「理系」か「文系」かを問わず、いずれの学問分野でも、おもな研究活動の場は、書斎であるか、会議室であるか、実験室であるか、あるいはフィールドであるか、なのである。もちろん「理系か文系か」「実学か教養学か」「応用科学か基礎科学か」などの学問の性格、それぞれの研究内容、さらには一人ひとりの得手不得手《えてふえて》などによって、それらに対する比重は微妙に異なってくる。どれを主戦場とするかで、書斎派、会議室派、実験室派、フィールド派に分かれる。

フィールドワークの比重がことのほか大きいのが、人類学という人間科学の特徴である。書物のなか書庫のなかに入りびたり、そこに埋没しているだけでは、人類学の学問的営為はなりたちにくい。似あわない。なじまない。書斎を離れて、自分が興味をいだく人々の生活の現場に飛びこんでこそ、その臨場感を大切にしてこそ、いっぱしの研究活動が可能となるようなところがある。

ことほどさように、書物のうえで考えるのではなく、頭のなかだけで考えるのでもなく、歩きまわりながら、足でたずね眼で確かめながら思考するのが、人類学の流儀である。その流儀を、私は「考える葦《あし》」をもじって「考える足」と呼んできた。ともかく、わが人類学者としての生きかたは、フィールド派、いうならば「考える足」派のそれであった。

図２　はじめてポリネシア行の切符を手にした頃
人類学のフィールドワーカーとしては、すこぶる奥手であった。私がはじめて、ポリネシアの島々を訪れたときは、とっくに三十路を越えていた。それからは、まるで渡り鳥のように赤道を越えた。日付変更線も越えた。（仏ポリネシア、ツアモツ諸島レアオ島にて、島人による撮影）

ポリネシア人の身体に圧倒される

そんなこんなで、南太平洋のポリネシア人が住む島々に出かけなければ話にならなかった。しかし不幸なことに、若かりし頃のわが周囲には、ポリネシアあたりまで出かけるチャンスなど、そう簡単にめぐり来はしなかった。沖縄諸島やら本州周辺の離島やらを巡礼してまわりながら、時を待たねばならなかった。しばらくは、ポリネシア行きの機会をうかがっているだけだったわけだ。

ようやくポリネシア行きのチケットを手にする僥倖《ぎょうこう》をえたときは、もう三〇歳を超えていた。いささか遅すぎた出発であったのは確かだろう。でも、いったん突破口が開くと、あとはもう突進するのみだ。これもまた恋愛感情などと似ていよう。

文化の壁を越えて、人類学の仕事を渡世の稼業とするとき、十分すぎるほどの繊細さを忘れてはならぬ。これもまた、恋愛感情と似ている。わが場合もポリネシアの島のいずれかにはじめて入るときは、いつも目を皿のようにしていたものだ。けっして即、のめりこんでいったわけではない。

自分よりもひと回りもふた回りも大きなガリバーのごとき身体をしたポリネシアの人たちに圧倒されたのは確かである。思えば『白鯨』を書いたハーマン・メルヴィルの処女作『タイピー――ポリネシヤ綺譚』。その中で主人公がいだく思いと同じであった。まるで、軟禁生活のようではないか、そのうちに食われるのではないか、と、その主人公は慄《おのの》いたのだ。

また、彼らのはにかみの気質が、あるいは言葉少なの表情が、即のめりこむほどに、近しき存在となることを許さなかった。それに青い海ばかりではなく、たっぷりと重い、のしかかるがごとき現実社会も、そこにはあった。

実際には、「高貴な未開人」が住むはずのポリネシアの島々は、あまりにも西欧化しており、はじめて長期滞在した島は「南洋の楽園」とはほど遠いような岩礁だらけの土地柄だった。それも現実感覚を呼び戻す役割を果たした。

日本語とよく似たポリネシア語

そんなこんなで、わがポリネシア人研究は始まった。

もちろんのこと、ポリネシアの島々にただ出かけ、ポリネシアの人たちを遠くから、ただ漫然と眺めているだけでは、研究にもなんにもならない。腹の足しにさえもならない。人類学も地道な研究活動なのだから、それなりに、なんらかの具体的な研究課題を掲げ、なんらかの研究戦略を練りあげて、それを足場において斬りこんでいく視点なり、方法論なり、ノウハウなり、具体的な作業なりを用意していかねば、およそ話にもならない。

そのまえに、もっと基本的で大事なことがある。よそ者の自分と現地の人々である彼ら、調査する側の自分と調査される側の彼ら。この間を隔てる垣根を可能な限り低くする準備が必要である。お互いを異邦人のように見ている間は、いかに高邁《こうまい》な研究目標を掲げようが、いかに多くの研究成果をあげようとも、その研究報告はただの作文にすぎまい。なんら本質的な問題点には迫れないだろう。

ときには土足で踏みこむような無礼が許され、一〇年来の知己《ちき》のごとくの関係を作ることが最初のステップである。そういう関係をフランス語でラポールという。ひらたく言えば、相互に信頼し合う関係のことである。それには阿吽《あうん》の呼吸のようなものが伴う。ことにシャイで口数が少ないポリネシアの人たちには、百言よりも一言、多言は無用なのである。

当然のことながら、十分なラポールを築くのは容易でない。いちばん大きな問題が言葉の壁である。自分が属する言語圏を離れて、まったく異質な言語圏に身を置くのは大変なことである。否《いや》が応《おう》でも孤独感は増すばかり。いつどこでも、相手の口よりも目のほうが、いっそうのプレッシャーをさそう。

たがいの意思の疎通をはかるためには、相手側の言葉に慣れなければならないのはもちろんのこと、それ以上に大切なのが、相手方の言語を尊重しようとする態度だろう。ひとつ一つの言葉は、その言語世界と表裏をなす人間の生活体系と歴史とに根ざしている。だから「郷に入りて郷に従う」には、ある程度、相手側の言語感覚を身につけて、相手の言語でやりとりすることが不可欠なのである。

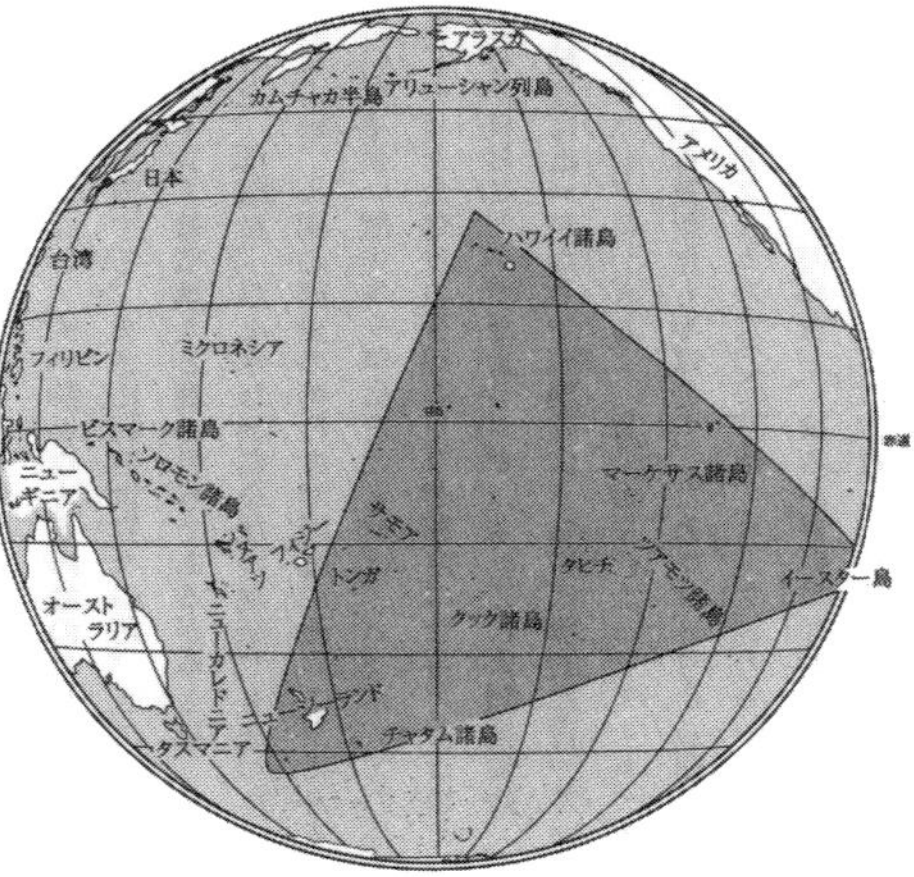

図3　地球は海の惑星でもある

地球を超上空から眺めると、この図のように見えるはずだ。地球が海の惑星でもあり、海の半球があることを示す。この半球の半分ほどがポリネシアである。ポリネシア（「多くの島々」の意）は名前のとおり、大小さまざま、星の数ほどの島が散らばる。ひかり燦々の島ばかりではない。島の数だけ、島の歴史がある。（片山一道『海のモンゴロイド』吉川弘文館、から転載）

言葉の面で言えばポリネシアは、日本人にとっては、たいへんありがたいフィールドといえよう。日本語とポリネシア語との間には、こと発音の面では共通する特徴が少なくない。それに、少なからぬポリネシアの島々でのポリネシア語方言は発音構造がシンプルそのもの。口に指を入れられて発音を矯正されるような必要もない。英仏語など印欧語族系の言語と比べると、はるかに身近に感じられる言語である。

地球の全表面積の六分の一ほ

どを占めるポリネシアの三角圏（図3参照）だが、イースター島（またの名をラパヌイ）を除けば、どこの島でも基本的には、ポリネシア語の島方言と英語かフランス語かを併用している。でも、そもそもはポリネシア語の世界だったわけだから、この方言言葉こそが、ポリネシア人の生活体系と歴史とに密接に関わる。その人たちの心の世界をのぞく窓の役割を果たすばかりか、彼らのアイデンティティ（帰属意識）のもとともなる。だから、よそ者との間で親近感を喚起する装置ともなるのである。

英語や仏語を苦手とする日本人、たとえば私などは、ある程度はポリネシア語を使おうとする。一方で。英語や仏語の言語圏で育った人や、それらが非常に得意な人は、はなからポリネシア語を習得しようとしない。そこで、英語下手、仏語下手の日本人などのほうが、圧倒的に受けがよいことになる。それに、ポリネシア語と日本語とは音韻《おんいん》構造がよく似ていることもあり、日本語を母語とする者のほうがポリネシア語の習得は早い。

ともかく、ポリネシアをフィールドに選んだのは、そこでの人類学研究の第一歩を踏みだすうえでは、たいへんラッキーだった。

2　ポリネシア人のルーツをたどる

自然人類学（形質人類学）の調査

さて研究内容についてだが、もともと自然人類学（ことに形質人類学）の方面で修行してきた身であるから、もちろんのこと、その筋の研究方法でアプローチできる課題に照準を合わせることとなる。

ところで形質人類学という学問、人間の身体における形質（たとえば、どの骨かの形態と性質）を手がかりにして、人間論、人類史、民族誌、民族史などに関する諸疑問、諸問題、諸命題に挑む。たとえば、「人間とはなにか、人類とはなにか」「人間はどこから来たのか」「人類はどんな進化の道のりをたどったか」「日本人とは何者なのか」「彼らはどこから来たのか」「どんな歴史を歩んで来たのか」などなど、いささか大それたテーマで研究をめざす学問である。いきおい、ときに哲学者もどきの口調になることもある。だから、「哲学もどき」と呼べるような側面ももつ。人類学が人間科学であるゆえんである。

より具体的に申せば、骨格や生体の特徴、生理特性、疾病《しっぺい》の分布、血液型など分子レベルでの変異などを斬り口にして、霊長類における人間の位置、人類進化のプロセス、アジアの諸民族の系譜関係、日本人の起源と成り立ちの問題などを解き明かそうとする。人類の進化過程、民族の歴史など、過去の人々の身体現象に関するテーマが多いので、化石人骨や古人骨などに精通する「ザ・専門家」が多いのが、この学問の特徴である。

ポリネシア人の来歴を解き明かすこと、つまりは彼らの歴史をさかのぼり、彼らの起源にたどりつけまいか、というのが、わが研究テーマとなった。それを人間の骨の研究、特に考古学の遺跡で発掘される古人骨の研究から進めていこうというわけである。

いったい、ポリネシア人の遠い祖先は、いつ頃、どこから来て、どんなルートで南太平洋の島々に拡散したのか。どんな理由で、どんなプロセスを経て、どのような手段でポリネシアの島々を発見・植民・開拓していったのか。どのような航海をして、イースター島やハワイイ（ハワイ）諸島やニュージーランドなどの辺境の島々に到達したのか。そもそも、ポリネシア人は何者なのか。どんな風貌の人たちだったのか。どのように海洋島嶼《とうしょ》の生活に適応していき、どのような生きかた死にざまをしてきたのか。一七世紀の頃に西欧人航海者たちと遭遇し、どんな出会いがあったのか、どれほどに変貌を遂げたのか、などなど。私が研究活動を始めた頃は、その多くの問題はまだ、十分に解き明かされてはいなかった。

古墓遺跡調査の日々

ともかくポリネシア人の身体特徴を調べつくすこと、ポリネシア人の身体現象（地域性と

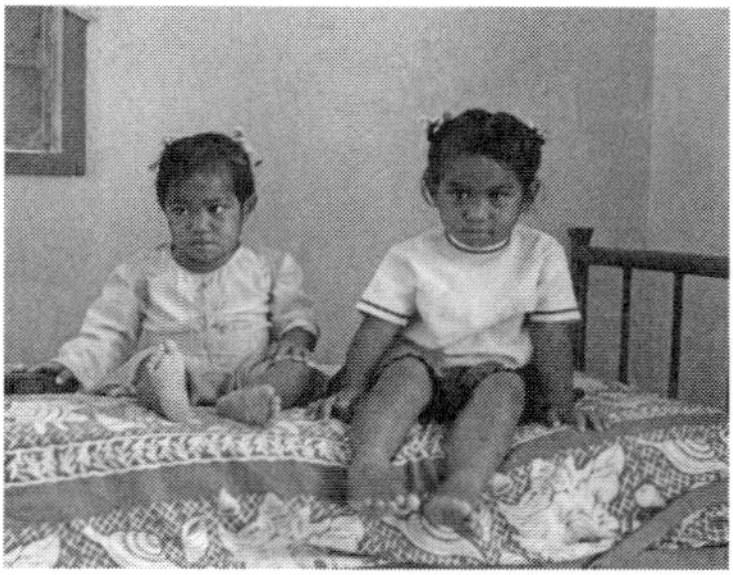

図４　ポリネシアの子供たち
どこでも子供たちは可愛いものだ。ときに煩わしい存在でもある。現地調査の合間に、よく学校で日本の話などを聞かせたものが、大勢にまとわりつかれて往生した。お尻の児斑（モウコ斑）や、各歯の萌出状態などを調べさせてもらった。（ツアモツ諸島レアオ島にて、筆者撮影）

時代変化）を読みとることを、わがライフワークと決めた。生きている人たちについては問題ない。生体計測ができる。血液型などで遺伝子レベルでの研究も可能である。しかし昔の人たちの身体について知るには、彼らが残してくれた骨を調べるほかない。それが唯一の手段となる。

とは言っても、ポリネシアの島々に行けば、古人骨がゴロゴロ転がっているわけではない。世界各地の博物館を探せば用たりる、というわけでもない。島々に出かけて、埋葬遺跡を発掘調査して、そこで見つかる古人骨を調べるほかには、ほとんど手だてがないのだ。

フランス・ポリネシアのツアモツ諸島（タヒチ島の南東に広く散らばる環礁島群《かんしょうとうぐん》）を訪れた帰路、ニュージーランド（ＮＺ）の人類学者とか、ＮＺで探したポリネシア本とか、機内誌とかで、クック諸島という小国のことを知り、その翌々年、その最南にあるマンガイアという島を偶然に訪れた。そこで古人骨の発掘調査を試みることとなった。つまりは、古い埋葬遺跡を発掘し、そこで出土する古人骨を調査しようと目論んだのである。

しかしながら、いくら昔のもので人々の記憶がないといっても、かりにも墓地などを発掘するのである。そう簡単に許可されることではない。それに古い墓地など、そう簡単に見つかるものでもないから、一筋縄にはいかない。

ともかく人類学の調査に性急さは禁物である。気の長い調査活動とならざるをえない。そう簡単に答えが見つかるわけなどないからだ。クック諸島での長期戦、定点調査を進めることに決めた。研究グループを率いて、幾たびか、渡り鳥のように島々を訪れては、さまざまな内容での調査を実施した。

われらが研究グループには、言語学者あり、考古学者あり、医学者あり、歯科学者あり、地球科学者あり、人類学者あり、そして生態人類学者あり。なんでもござれの調査隊構成だった。ともかく必要に応じて自在に混成した。そうこうしているうちに、島々の人々との信頼関係が生まれ、洞窟などにある古墓遺跡で調査することも可能となった。

南太平洋のアジア人

クック諸島での現地調査は、かれこれ一〇年以上も続いた。われらが研究グループは、先史時代のポリネシア人の実像に迫るべく各種の基礎資料を集めた。ポリネシア語のマンガイア島方言の辞書を作るまでにもいたった。たくさんの古人骨データを記録することができ、先史ポリネシア人に関する詳細な身体像を描くことなどが可能となった。

自分自身の研究成果で喧伝すべきは、おそらくは、ポリネシアにおける最初期の住民の祖先が、日本人や台湾人などの東アジアや東南アジアの民族グループと深く関わる人々だったことを示す状況証拠を見出したことである。

たしかにポリネシア人は、その容貌も体形も、現生のホモ・サピエンスのなかでは相当に異端である。なみはずれて大柄な体格、古代ギリシャの彫像を彷彿《ほうふつ》とさせる筋骨隆々《きんこつりゅうりゅう》としたヘラクレス型体形、極端なまでに肥満しやすい体質などの「ポリネシア人表現型」(Polynesian phenotype) が目につく。しかし実際には、たとえば赤ん坊の児斑《じはん》(モウコ斑) が多く出現することとか、骨格での細かい特徴にアジアの新石器時代人骨と相似する点があることとか、あるいは「ポリネシア・モチーフ」と呼ばれるミトコンドリアDNA型のこととかで分かるように、われわれアジア人とよく似た点が少なくない。つまり、ポリネシア人は「南太平洋のアジア人」とでも呼べるほどにアジア人的なのである。これらの事実は、彼らのアジア人起源を考える仮説に、ゆるぎない証拠を提供する。

ポリネシア人が、現在のアジア人と違って、たいへんに大柄で、エスキモー（イヌイット）に似るほどの寒冷適応型の体形（いわゆるずんぐりむっくり体形など）をしていることなどの理由も見えてきた。一人ひとりが早熟気味であるから、誰しもの成長期間が長く、そのぶん過分に成長した状態で成人となるからだろう、というのが、われらが推論である。彼らの祖先が南太平洋に広がっていった頃に、なにかの理由で、そうした過成長タイプの体形が一般的になったのであろうことが、古人骨の研究などから見えてきた。

現代のポリネシア人が過剰に肥満しやすい理由も説明できるようになった。南太平洋に散らばる絶海の島々は、人間の生活環境としては特殊にすぎる。ことに食物事情は、まことにつつましい。そんな環境に適応していくなかで「食いだめ」体質が身につき、それが近代になり、あだとなってしまったのだ。つまり、西欧式の食事文化が普及した結果、高栄養高カロリーの食べ物を必要以上に摂《と》りすぎることになり、身体に蓄えられる脂肪分が多すぎるようになった、というわけだ。

ポリネシア人がたどって来た道

ポリネシア人が誕生したのは南太平洋の島々であろうが、実は彼らの出発点、あるいは源流はアジアにあったことがわかった。だから、「海のモンゴロイド」と呼ぶことにした。その彼らの祖先が南太平洋の島々に拡散した道筋について、われらが描いたシナリオ（第5章で詳述）のあらましは、次のようになる。

地球上では最終氷期（寒冷期）が終わり、約一万年前の頃から気候が温暖化、完新世（かつては沖積世《ちゅうせきせい》と呼ばれた）に入った。その後の新石器時代、いまから五〇〇〇年前の頃になり、台湾や中国南部やフィリピンあたりの東・南シナ海の沿岸部で海上活動を活発にする「海のモンゴロイド」のルーツ筋にあたるグループが登場した。このグループがインドネシア方面に南下し拡散した。さらには、その一部はメラネシア方面にも拡がり、ニューギニアの東方に散らばる島々でラピタ人と呼ばれるグループが誕生した。およそ紀元前二千年紀（三三〇〇年前）の頃のことである。

このラピタ人の出自については、たくさんの議論が交わされ、さまざまな仮説が提唱された。そもそもは台湾の先住民系グループにたどれようと考える「出台湾仮説」（あるいは「ポリネシア行き特急仮説」）。さらには、中国南部までさかのぼるのではないか、と考える仮説

（いわば「揚子江文化源流説」）。インドネシアの旧サフル大陸圏にあたる「海域アジア」（豪亜地中海の一部）の島々で生まれたのであろうとする仮説。更新世の頃からニューギニアに住む先住民から自生したのであろうとの仮説、などなどである。ここでは詳しい理由は割愛するが、いちばん有力なのは「出台湾仮説」であろう。

ラピタ人たちは、メラネシアの島々から南に東へと一気呵成《かせい》に進出したようだ。さらにポリネシアの西部にあたるフィジーやトンガやサモアの島々にも住み着いた。そのあたりのラピタ人は、しだいにポリネシア人へと変容した。つまりは、ラピタ人が持っていた土器文化がしだいに廃れていき、おそらくは交易活動のために、大型カヌーによる遠洋航海を活発にするようになったようだ。

いまから二〇〇〇年前の頃になると、そうして生まれた先史ポリネシア人たちは、トンガやサモアなどから、さらに東のポリネシアの中枢にある島々に進出を始めた。かくてタヒチ島周辺の島々やマーケサス諸島などに定住することになった。さらに一〇〇〇年前の頃にかけては、ポリネシアの辺境にある北のハワイ諸島、東のイースター島、西のニュージーランドなどが、つぎつぎと発見され、植民され、開拓されていった。かくて、ポリネシアを中心とする南太平洋に散らばる島々にポリネシア人が居住することとなった。

ポリネシア人に関する人類学研究を進めていくうちに、彼らの来《こ》し方については、多くのことが分かってきた。しかしながら、けっして終わりがこないのも、人類学という学問のもつ特徴である。数学などの問題を解くのとは違う。一つの問題が解決されるに伴い、まるで水道の蛇口をひねったかのように、じゃあじゃあと新たなる問題が湧き出てくるのだ。人類学とはそういうものだ。一つの問題の解決が多くの問題の呼び水となる。

もちろんわれらがポリネシア人研究にも終わりはない。私はとっくに現役をしりぞき、フィールド調査のためにポリネシアの島々を訪れることはもうないが、人類学者であり続ける

図５　海を背にして海岸に立つモアイ像
ポリネシアと聞けば、イースター島（ラパヌイ）、モアイの巨人像を連想する人は少なくない。テレビでも雑誌類でも定番のように登場する。モアイほどに派手さはないが、ポリネシアの多くの島には不思議な巨石文化のなごりが多くみられる。（筆者撮影）

限り、これからも自分なりの発見はあるかもしれない。しかし残念なのは、人類学者である限り、いつも余所者《よそ》であり、傍観者であり続けなければならないことである。トーマス・マンが『トニオ・クレーゲル』に語らせた「永遠に見続ける者の悲哀」を、つねに感じなければならない。それが人類学者の宿命なのだ。

そのうち私も、ひとりの人間としての停年をむかえるだろう。人類学者として、なにをやり遂げて、なにをやり遂げなかったのか、なにがやり足りて、なにがやり足りなかったのか。そんなことを省察するときがくるだろう。

第3章　人間の身体多様性のなりたち

1　いま、あえて「人種」を考える

「人種」言説のあやうさ

ホモ・サピエンス、つまりは人間、これほどに種内の多様性が大きく、一人ひとりの個性が目立つ動物はいない。

なるほどに人間は、まさに、ホモ・ヴァリエタス（Homo varietas：多様なるヒトの意）でもある。もちろん馬や牛などの家畜、犬や猫などのコンパニオン動物なども多様ではあるが、その多様性が生まれてきた理由や背景が、まるで異なる。

なぜ、かくも人間は多様なのか。その理由は、第1章で述べてきた通り、人間が汎地球性動物であり、あまねく地球上に拡《ひろ》がるなかで、出森林、出アフリカ、出アジアなどの冒険をなし遂げた人類の流れをくむ唯一の後継種であるからである。

多様性こそは、人類が地球を開拓してきたことにより生まれた人間の特性、つまりは人間性そのものであり、人間一人ひとりの存在を保証する証明書なのである。

その一方で、人間の身体に表れる多様性をみる目のなかに、ステレオタイプな思いこみが潜む。一人ひとりの個性をおろそかにして、まるで大根を輪切りにするかのごとく乱暴な「輪切り思考」による幻想、先入観、固定観念、レッテル貼り、偏見、差別意識のようなものが潜在するのも、またたしかである。いわゆる「人種」思考である。この思考には、少なからぬ危うさがある。

現実問題、世界の人間を「人種」の名のもとに区分するのは容易でない。多分に主観的にならざるをえない。「目くそ」「鼻くそ」ほどにも客観性はない。

そもそも、サラダボウルのなかの野菜や果物のように、さまざまな身体をした人間が混じりあい行きかう現代社会のなかで、あやしげで単純で主観的な「人種」特徴に基づいて、人間を輪切りすることに、どれほどの意味があるのだろうか。しかも、本人の意思ではどうしようもない、いっさいの変更がままならない単純すぎる身体特徴の違いで、人間を色分けしようとするわけである。

ちなみに、「人種」(RACE) とは、いささかでも理性的な人間ならば、口にするのもはばかられるような「四文字言葉」の類だと、うそぶく有名な人類学者もいるほどだ。だとすれば、紳士淑女が真顔で口にするような言葉ではない。なぜ危ないのか。そのあたりのことも考えてみたい。

図６　人間と馬の多様性
人間の場合、身体でみる多様性を語るとき、日本語では「人種」を多用する習わしがある。だが馬の場合、「馬種」などとは言わない。見かけの違いにすぎないからである。では、なぜゆえに人間の場合、かくも誇張した言い方がされるのか。（スウェーデン、ゴットランド島にて、筆者撮影）

オバマ氏の「人種」は？

まずは簡単なことから始めたい。最初の問題。アメリカ合衆国のオバマ大統領の「人種」は、ニグロイドなのか、それともコーカソイドなのか。アフリカ系なのかヨーロッパ系なのか。

たぶん、どちらも誤りである。正解はアフリカ系ヨーロッパ系アメリカ人。こう答えるのも、むなしさを覚える。なぜならば、一律には答えようがないし、「人種」うんぬんの問いそのものに意味を見出せないからである。そもそもアメリカ大陸などに住む人たちは、たいていは同じような背景をもつ。日本人についても同じようなもの。

次なる問題。たとえば日本人と韓国人と中国人とモンゴル人などは、見分けがつくのかつかないのか。いわゆる「人種」特徴に違いがないから、身体的には見分けがつかない。それが正解なのだ。もちろん、言葉とか仕草、顔の表情や立ち居振る舞いなどで、見分けはつく。つまり「民族」的特徴には違いがある。でも、そんなことには、ここでは目くじらを立てようとする気はしない。

「人種」は、「民族」とは似てはいるが非なるもの。さらに「国民」とは、もっと異質なもの。「民族」や「国民」は、空気か土のようなもの、育ちの問題であり、ありかたの問題なのだが、「人種」はそうではない。着替えができない。

それに「民族」とは、基本的にはアイデンティティ（帰属意識）の問題である。自分がなにであると思うかの問題だから、ひとりの人間には一つだけ。「アヒルのように歩き、アヒルのように鳴き、アヒルのような格好をしているなら、それはアヒルに違いない」――そんな感覚のことである。

しかるに「人種」とは、見かけだけの問題である。それなのに他者が強引に線引きしようとする。「小さすぎるから大きすぎるからアヒルらしくないアヒル、不器用に鳴くから獰猛《どうもう》なアヒル」――そんな思いこみや見なしかたのこと。

「民族」は自分が決めるもの、衣装のように取り替えがきくこともある。しかるに「人種」は他人が決めつけるもの、レッテルだから、あやうさがつきまとう。

「人種」とは身体特徴を共有する人々の集合

「人種」という用語は、わが辞書では、もはや死語のようなもの。まず口にしない。この用語を猛獣使いのように使いこなす技量などない。それに、言葉が言葉だけに、いろいろと誤解されるのが困るし、曲解されるのは、なおさら困るし、わずらわしい。聞くのも、いささか耳ざわりな思いがする。

少し前まで、一九九〇年の頃までは、事情が違っていた。人類学のなかに「人種学」という分野があった。だから人類学の輩《やから》はみな、その名の講義を聴いて育った。たくさんの専門書を読んだ。小生自身、その頃は、人類学の講義などで〈人種について〉の題目で話をしたものだが、いまは〈いわゆる「人種」について〉の題目に変わった。遠い昔の残り火のような記憶である。

「人種」という言葉は、知ったかぶりで使えば、他人に対する思いこみのようなものが生まれやすい。偏見や、必要以上の区別につながりやすい。ときに差別などの温床になりかねない。言葉は無意識を生む。だから多用しない、大上段からふりかぶるようなことはしない。深い意味はこめないのがよかろうし、多少とも用心して使うのが無難だろう。「決め打ち打法」のようなものだから、ホームランどころか空振り三振、ということになりかねない。

ところで、日本の日常生活で、「人種」という言葉が大きな意味をなす場面は、あまりない。だから、日本人は鷹揚《おうよう》なところがある。軽い言いまわしの日常会話で、しばしば耳にする。いわく「ゴルフをする人種」とか「タレントという人種」などなど。もちろん俗語の類だから、目くじらを立てる必要などない。だが、本来のものとは違う意味で用いられていることは申すまでもない。実は「人種」、ことに西欧の近代では、まさに血にまみれたおぞましい歴史があったのだ。

とりあえず、「人種」について、簡単に定義しておこう。そもそも「人種」は人類学の業界用語であった。もっとも基本的な概念の一つでさえあった。しかし現在は、むしろ社会学などの方面での文脈で使われることのほうが多い。「人種問題」とか、「人種偏見」とか、「人種騒動」とか、しかり。

「人種」を言葉で説明するのはたやすい。「背格好、顔立ち、皮膚の色（メラニン色素の多《た》寡《か》）、毛髪の性状などなどの身体特徴を共有する人々の集合」で十分だろう。そうした身体特徴にくわえて、血液型などの割合、寒さ暑さに対する耐性の強さ、さまざまなスポーツへの適性などを含める人もいる。要するに「人種」とは、言語や生活風習や宗教などの文化的特徴で区分する「民族」と対比的に使われる集団概念である。つまり、一人ひとりに対して使う言葉ではない。

「人種」区分の難しさ

だが実際には、どのような人々や集団やグループが、一つの「人種」を構成し、どのように他の「人種」と違うのか、うまく客観的に説明するのは難しい。どの集団でも一人ひとりの個人差が大きいうえ、どの身体形質が、どれほど違えば「人種」として区分できるのか、はっきりした基準などないからである。それに「民族」と違い、一人ひとりの帰属意識のようなものが乏しいので、「人種」を決めるのは、どうしても気まぐれなものとなりやすい。

「人種」については、もう一つ大切な要件がある。同じ「人種」の人々なら、なにほどかの系譜関係（血のつながり）がなければならない。つまりは、なんらかの血縁関係にあること

図７　ポリネシアの「豚踊り」（ハカ・プアカ）
「豚踊り」はコミカルなダンス。ポリネシア人は、かつてクック船長らが注目したように、どの島の人たちもよく似る。大陸世界の人々との異質性が目立つ。だからといって、「人種」性を強調する必要はない。歴史的産物なのだ。（マーケサス諸島、筆者撮影）

が確かな人々や集団の集合が「人種」なのである。しかし実際問題として、どの集団とどの集団とが系譜関係を有するのか、そうでないのか、それを決めるのは、げに至難のわざである。この問題そのものが、そもそも人類学の永遠のテーマや目標の一つであるのだ。

そんなこんなで、身体特徴の面でよく似た人々のグループ、しかも系譜関係もあることが明らかなグループということで、地球上の人々は、三つないし五つほどの「人種」に区分されることが多い。それらは、モンゴロイド（類アジア系グループ）、ニグロイド（サハラ砂漠以南の類アフリカ系グループ）、コーカソイド（類インド・ヨーロッパ系グループ)。それにくわえて、オーストラロイド(類オーストラリア・ニューギニア系グループ、旧サフル大陸系グループ)を区別する人もおり、さらにはポリネシア人(類南太平洋系グループ)を区別する人類学者さえいた。ただ最後のポリネシア人は、いまではモンゴロイドに区分するのが普通である。

前世紀の終わり近くまでの人類学では、これらを大「人種」、その下に「人種」、さらに亜「人種」や小「人種」などと、ことさらに細かく「人種」分類するのが大流行であった。なにしろ「人種学」という名の独立した分野もあったくらいだ。ときには、二〇〇も三〇〇もの数の「人種」が細分され、あたかも「人種」の違いを強調することが目的であるかのごとくであった。

おまけに、各「人種」をランクづけする方向に突き進む研究者までもが現れた。「人種」間の優劣を論じることで、差別化が助長されたのは申すまでもない。極端な場合、ナチス・ドイツで、あだ花のごとく狂い咲いた人種主義(Racism)への道を許してしまった。そうした人種主義への反省もあって、人間を「人種」区分することに対する慎重さを期す気運が芽生えた。だが残念ながら、人種主義者が世になくなることはない。「人種」間の優劣を無意識に信じる者がいなくなることもない。

モンゴロイド、ニグロイド、コーカソイド

この地球上の七三億人の人間はすべて、ただ一つのホモ・サピエンス種に属する。原人類に近い人間はいないし遠い人間もいない。さまざまな民族集団に分かれてはいるが、しょせんは同じ穴の狢《むじな》同士のようなもの。

あえて大別するならば、モンゴロイド、ニグロイド、コーカソイドの程度。これらが「いわゆる人種」である。あくまでも便宜的な区分にすぎないことを胆《きも》に銘じてほしい。たとえば、ある地域を東区と西区と南区などに分けるようなもの。それ以上でもそれ以下でもない。

これら三大「人種」は、ときに地理的「人種」とも呼ばれる。いまでは、これらは、たがいに入り乱れている。多くの地域で共存しながら、さまざまな混交をくりかえす。だが近世になる前、コーカソイドの一部である西欧人がアフリカやアジアや「新世界」の各地に進出する前は、もっと鮮明な「人種」地図があったようだ。その前、ローマ帝国と秦《しん》・漢帝国を結ぶシルクロードでアジアとヨーロッパとが交差していた頃、あるいは「海のシルクロード」でインド洋の交易路がアフリカに伸びた頃までは、さらに鮮明だったことだろう。それぞれの「人種」は別々の地域に分布していた。要するに「人種」とは、それぞれの地域の生

活条件を映す鏡のようにして存在していたのだ。

ニグロイドは、サハラ砂漠以南のアフリカ大陸。コーカソイドは、ユーラシア大陸の中部から西部にかけて、インド、中央アジア、西アジア、北アフリカ、ヨーロッパなど。そしてモンゴロイドは、ユーラシア大陸の東部、南北のアメリカ大陸、オセアニア地方に、それぞれ先住してきた。アメリカ大陸やオセアニアの先住民グループをモンゴロイドに含めるのは、彼らの祖先の源流がアジアにいた先史モンゴロイドにたどれるからである。

これら「人種」グループは、それぞれの大陸で長い固有の歴史をもつ。たがいに地理的に隔絶されていたからこそ、このように分化しえたのだ。だから、動植物の亜種や変種に似てないこともないが、けっして同じではない。

「人種」間の違いは、身体の外見ではともかく、遺伝子やゲノムのうえでは、動植物の亜種レベルの違いに比べると、はるかに小さい。また、「人種」相互の境界は変種ほどに明瞭でない。おそらく人間の移動力が強すぎるためだろう。また特に、「人種」が交差するあたりでは混血が頻繁に起こり、すみずみに至るまですぐに、その影響が及んだために、それ以上の人種分化は抑えられた。それに地域ごとに分かれてからの世代交代が少なすぎた。

それでも、たとえばイギリス人とガーナ人と日本人とを比較すると、皮膚の濃さ（メラニン色素量)、顔立ちと体形、四肢のプロポーションなどの外見(ゲシュタルト)は、見事なまでに異なる。そして、骨格形態などの細部は大いに異なる。世界各地の野生犬の間の違いと比べても遜色ないかもしれない。

ところが、各種の血液型の頻度とか、遺伝子や分子のレベルとか、脳の構造とかでは、どの「人種」グループも、たがいに非常によく似る。つまりは、皮膚色はどうであれ、その下を流れる血液とか、身体の細胞や分子とかのレベルでは、きわめてよく似ているわけだ。

このことは、「人種」グループのそれぞれが、別々の先行人類から進化してきたのではないこと、ましてや別々の類人猿から進化したのでもないこと、たかだか一〇万年前かそこらか前に分化し始めたことなどを、はっきりと物語る。

2　身体特徴は気候風土のたまもの

「人種」的分化の要因をさぐる

モンゴロイドやニグロイドやコーカソイドなどの「人種」は、いつごろ、どこで、どのようにして、どんな要因で分化し、どういう経緯をたどってきたのだろうか。まず、「人種」的な違いが生じた要因について考えてみよう。

まだ人類学が十分に成熟する以前、そして、まだダーウィンの生物進化説が普及する以前、「人種」が存在することを説明するには旧約聖書の内容が引かれた。つまり、ノアの洪水の後、アララト山に生き延びたノアの三人の息子たち、セムとハムとヤペテが各大陸に分散していった結果、「人種」の違いが形成されたのだ、と長い間、語られていた。

一九世紀になる頃からだんだんと、世界各地の人々の身体特徴を人骨から探る形質人類学が盛んとなった。それ以前にも「骨を観る」奇特な人たちはいたのだが、そこにはまだ科学の装いなど一切なかった。いわば骨董《こっとう》趣味として、せいぜいのところ「骨相学」や「人相学」や「体型学」として、つまりは顔立ちや体形から占いのようなことを語る知識をえるためだった。

もちろん骨相学の類は、ともかく恣意《しい》的、気ままに能書きを並べるだけであった。たとえば、コーカソイドという「人種」名称だが、コーカサス人に似た人々というのが本来の意味である。「コーカサス人もどき」ということだ。それがやがて、インド・ヨーロッパ系の人々を総称する人類学の業界用語となった。

なぜ、そんな名前がつけられたのか。人類学の父（創始者）といわれるドイツのＪ・ブルーメンバッハの好みと関係する。彼は、一八世紀の終わりから一九世紀初頭にかけて、世界中から人骨を収集した。なぜだか彼の主観では、コーカサス地方（現在のジョージアとかアルメニアとかアゼルバイジャンのあたり）の人たちの骨が非常に美しく見えた。つまりは、自分たち西欧人の理想といえるほどに美しい骨格の持ち主たちということで、その名前を使うようになった、のだそうだ。

では、モンゴロイドはどうか。ブルーメンバッハが収集したアジア人の骨資料は、たいていはモンゴル地方からのものだった。それで「モンゴル人とその仲間たち」、あるいは「モンゴル人もどき」ということで、アジア系の人々をモンゴロイドと呼ぶようになった。

ともかく、これらの「人種」名称は、いささか滑稽でさえある。だが科学用語にはプライオリティ（優先権）の原則がある。最初に命名された名前が、その必要性が認められる限りは使われ続ける。

諸説紛々

ブルーメンバッハより以降、だんだんと人類学も科学的な装いをまとった。頭骨だけでなく、生きている人々の身体も調べられるようになった。各地の人々の平均身長とか、平均的な頭形とか顔形とか、鼻の形や目の色や髪の色とかが、あれこれと計測され記録された。どこの地方の人たちが、どこの地方の人たちに似ていて、どこの地方の人たちと違うのか、そんな近遠関係が比較されるようになった。そこから人類学、なかでも人間の身体のことを調べて論じる形質人類学の歴史が始まった。

さらに二〇世紀となると、形質人類学から骨相学の匂いが薄れていき、いちだんと科学的様相が強くなる。解剖学や病理学、生物学、さらには統計学の方面にも枝を伸ばした。もちろん「人種」形成を論じる問題でも例外ではない。

二〇世紀の前半、「人種」の違いに関する研究をリードしたのは、イギリスの人類学者A・キース卿《きょう》であった。「人種」形成の問題を解き明かすのに、彼が提唱したのが「ホルモン要因説」である。キース卿は、人間の身体における多様性の大部分は、ホルモンなどの内分泌物の活性値が遺伝的に異なることにより発現するのだ、と考えた。「人種」の違いも、そうした変異にほかならないと主張することで、多くの研究者たちから賛同を受けた。さらにその後、その同根とも言えるような仮説がつぎつぎに提唱されることとなった。

そのうちのある仮説などは、アジア人などのモンゴロイドと西欧人などのコーカソイドとの間の身体上の違いは、性ホルモンであるアンドロゲン（男性ホルモン）とエストロゲン（女性ホルモン）の分泌バランスに違いがあるためだと考えた。後者が多いため、より幼形の状態で成人に達するのがモンゴロイド。その逆、より老成するのがコーカソイド、というわけ。なんとなくわかったような、なんだか、狐につままれるような仮説ではある。

また、ある仮説は性ホルモンではなく、ようやく普及してきた遺伝学の理論を援用した。「人種」的違いが生じた根本的な原因は、成長の速度を調整する遺伝子が突然変異したためだ、と主張した。この「メジャー遺伝子説」も有力な仮説として多くの信奉者をえたようだ。こちらのほうも、たいへんわかりやすいのだが、わかりやすすぎる。いずれにせよ、ホルモンか遺伝子かの違いがあるが、生物の進化におけるヘテロクロニー・モデル（異時性進化説——成長の多さ少なさ、成長の早さ緩やかさ、成長期間の長さ短さで、生物の種分化、亜種分化、グループ分化、身体形の違いを説明しようとする進化学説）を「人種」形成の問題に適用した先駆けといえよう。

さらにアメリカの心理学者E・A・シェルドンたちの「体型分類」のアイデアも、「ホルモン要因説」の亜流といえよう。この仮説によれば、初期発生の過程で内胚葉《はいよう》と中胚葉と外胚葉の分化パターンに生じた一定のズレが、身体形に微妙なる集団間変異を招き、それが「人種」的違いとなった、というわけだ。

これらの「ホルモン要因説」が通奏低音のように流れる一連の「人種」形成理論は、いうならば内因説である。遺伝子によって調節されるホルモンなどの活性の違いにより、初期発生あるいは発育成長のパターンが変化し、その結果、「人種」特徴が形成されるようになった。そんなふうに考えるのが、その骨子である。

だが厳密に言うなら、これらは要因論ではない。悪名高い「生物学的決定論」の臭いがぷんぷんとする。一人ひとりの「人種」特徴が発現されるしくみは説明できても、「人種」特徴の地理的分布などを説明するのには、手が届きそうにない。つまり、なぜゆえに、モンゴロイドに特徴的な身体形質が、アフリカではなく、西洋でもなく、東洋で形成されることになったのか。そのあたりの因果関係は、なにも説明できないように思える。

身体形質の多様性とその源泉

そんなこんなの流れのなか一九五〇年代に入り、潮目が変わった。各「人種」グループの身体形質が、それぞれの住む生活条件に、いかにうまく適応しているか。このことを詳細にしようとする研究活動が盛んになってきた。

たとえばC・クーンを中心とする研究グループは、各身体形質と、それぞれの「人種」グループを取り巻く気候風土との間の適応関係を微にいり細にいり調べ始めた。まるで目から鱗《うろこ》。たいへん多くのことが明らかになった。まさに気候条件や環境条件による自然選択適応現象こそが、モンゴロイドやコーカソイドなどの地理的「人種」を誕生させる要因になったのであろう、との結論が導かれた。

やはり人間は、わけもなく「人種」に分化したのではないのだ。かくして、「人種」特徴とされる身体形質のほとんどは、それぞれが居住してきた地域の気候風土や生活条件との間に、なんらかの因果関係をもつことが明らかになった。

たとえば、日本人などを含む東・北アジアのモンゴロイド系グループは、胴長短脚ぎみの「ずんぐりむっくり」の体形と、腫《は》れぼったい目もと顔立ちなどを特徴とする。いずれも体温の放散を防ぐなどの面で、きびしい冬の寒冷条件を生きのびるのに、なによりも効果的な身体のしくみなのだ。

アフリカのニグロイド系グループとか、オーストラリアの先住民グループとか、インド亜大陸の人々とかの皮膚は、非常に濃い褐色をなす。これは身体の表皮にメラニン色素（黒色の色素粒）がたっぷりと含まれるためである。強すぎる紫外線のもとでは、皮膚ガンの発生を抑えるには最高の防御手段となる。

また、牛乳などの乳糖分（ラクトース）を有効利用するための乳糖分解酵素（ラクターゼ）

のことも興味深い。北欧のヨーロッパ人などは誰もがもつのに、つい最近まで、牛乳飲料が普及するようになるまでは、日本人などのモンゴロイド系グループでは、この酵素を大人まで維持し続ける人は、たいへんまれにしかいなかった。この理由もうまく説明できる。その一方、日照時間が十分でない北欧などの高緯度の生活環境では、カルシウム分が不足がちになる。そのために骨格の不全が起こりやすい。動物の生乳に含まれるカルシウム分を利用するかしないか、それが生存に関わる大問題となる。だから、大人になっても動物乳を飲み続け、乳糖を分解してカルシウムを利用することができるラクターゼを作り続ける遺伝子は不可欠だったのである。

こうした具体例でわかるように、「人種」特徴とは、人間が、あるいは人類が、汎地球性動物となる過程で各大陸に進出したときに編みだした身体的工夫にほかならない。さまざまな地域の異なった気候風土や生活条件に適応できるよう、歳月をかけて身につけた身体装置なのだ。人間が陸上動物のなかで唯一、汎地球性の存在となりえた秘密は、まさに「人種」という多様性が生じたことのなかに隠されているわけである。

この意味で、人間が地球の多地域で多種多様な生活手段を開発したことと、さまざまな「人種」に分化したこととは、地球のすみずみに自らのテリトリーを拡大することに成功した人間の歴史において、車の両輪をなした。人間の歴史では、どちらもが必要欠くべからざる適応戦略となったのだった。

「人種」はいつ分化したのか

このように人間が、さまざまな「人種」に分化することとなったのは、広く地球上に分布するようになったがゆえのことである。各地域の気候風土にかなうよう、身体の多様性を増幅していったことによるのである。もちろんのこと、「人種」的な違いは、はじめから備わっていたわけではない。また、短期間のうちに形成されたわけでもなかろう。まちがいなく、長い過程でしだいに形成された歴史的産物なのである。

それでは、モンゴロイドとかコーカソイドとかニグロイドとかへの「人種」分化は、いったい、どれくらい前に芽生え、どれくらい前に今と同じような「人種」模様を呈するに至ったのだろうか。

人間の大もとたる最初の人類は、今から六〇〇万年ほど前に、アフリカ大陸東部のどこかで誕生した。チンパンジーやゴリラなどの大型類人猿の仲間、おそらくはチンパンジーのなかから生まれたようだ。それが猿人類（オーストラロピテカス、またはアウストラロピテクス）

図8　トルコの遺跡、5000年の歴史がみえる
1990年代、中近東文化センターの大村幸弘博士のはからいで、アナトリア高原のカマン・カレホユック遺跡の発掘調査団に参加していた。古来、人間や文化が交錯してきた様子が実感でき、「人種」区分のあぶなかしさを肌で感じた。（杉原清貴さん撮影）

である。そこから枝分かれした一つが、原人類（ホモ・エレクトス）である。今から二五〇万年ほど前のことであろうか、同じく東アフリカで進化してきた。

原人類の分布も、はじめの頃は、東アフリカに限られていたが、一八〇万年くらい前になると、ようやく直立二足歩行の体勢が完成したのか、身体が大型化し、大脳が発達し始め、それに伴い文化的工夫（石器作り、骨格器作り、おそらくは木器作りも）を始めたようだ。その頃に、最初の出アフリカ（アウト・オブ・アフリカ）現象があり、人類はアフリカ大陸からユーラシア大陸へと分布域を広げた。のちに人間が汎地球性動物となる第一歩が踏みだされたのか、あるいは、そうなるための準備段階だったのか。

その後、ユーラシア大陸の各地域で、新たなる原人類が進化した。東アジアでは北京原人、東南アジアではジャワ原人、ヨーロッパではアラゴ原人、アフリカではツルカナ原人、北アフリカではテルニフィヌ原人などである。さらにその後、ユーラシアの西洋や中洋では広くネアンデルタール人、東洋ではソロ人やダーリ人、アフリカではカブウェ人などの旧人類が進化した。また、今から一〇万年以上前には、サハラ砂漠より南のアフリカのどこかで、新人あるいは現生人類（人間、ホモ・サピエンス）が生まれた。

このもっとも新しい人類（人間）は、よほど好奇心が旺盛だったのか。よほど行動力に長《た》けていたのか。あるいは、それなりに人口が増えたせいなのか。またたく間に、アフリカの外にも広がっていった。すなわち六万年ほど前には、ユーラシア大陸の西洋と中洋と東洋とに広く拡がり、五万年前の頃にはオーストラリア大陸、二万年近く前にはアメリカ大陸にも広がり、三三〇〇年前の頃からは、とうとう太平洋やインド洋の島々までをも発見、植民、定着するに至った。

三万年前には身体適応が進行していた

それでは「人種」的な違いが芽生えたのは、ニグロイド系の祖先からモンゴロイド系やコーカソイド系の「人種」が分化してきたのは、いったい、いつ頃のことだったのだろうか。こうした疑問は、化石人骨で調べるほかない。

もちろん原人類の頃、はじめて出アフリカを果たした頃にも、「人種」分化の兆《きざ》しはあったはずだ。ともかく人類の生息圏が、アジアからヨーロッパにいたるまで、飛躍的に拡大したのだから、そうした現象が起こっていたのはまちがいない。その後、旧人類の頃にも、さまざまなかたちで「人種」分化の現象が兆《きざ》したはずだ。あるいは、「亜種」分化や種分化の手前まで進んだかもしれない。

今日、見られるような「人種」模様ができあがったのは、当然のこと、現生人類（新人あるいは人間）が世界中に広がった時期と軌を一にするだろう。およそ三万年前の新人化石を比べると、そのことがよくわかる。ヨーロッパの化石はもう、まるでコーカソイドそのものである。アジアやアフリカのものは、それぞれ、すでにモンゴロイドのようであり、ニグロイドのようである。つまりは、顔立ちや体形において、コロンブスが西インド諸島のカリブ人に出会った頃と変わらぬほどに「人種」差が認められる。すでに三万年前の頃には、いまと変わらぬほどに身体適応が進行していた。そんな様子がうかがえる。

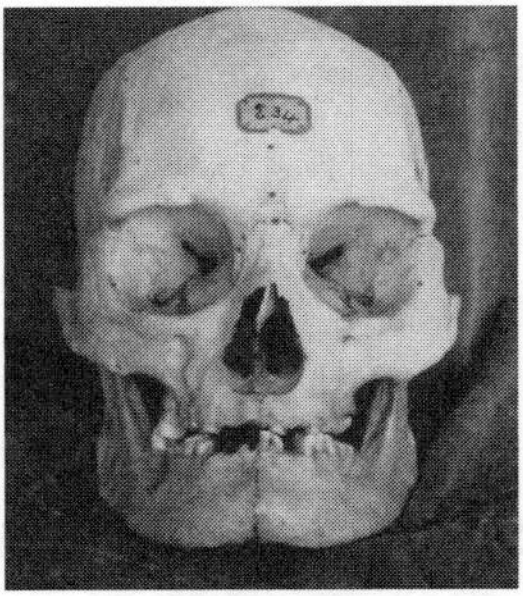

図9　先史ポリネシア人頭骨
考古学の遺跡で発掘される人骨も多様きわまりない。この先史ポリネシア人骨もまた、今のポリネシア人同様に大柄で頑健な体格をしていたことを物語る。（オタゴ大学解剖学教室所蔵、筆者撮影）

それにしても「人種」の問題は、考えれば考えるほどに、人間という動物種の多様性と、したたかさのことを思わずにおられない。ともかく、一人ひとりの人間に対しては、「人種」うんぬんのことは、とやかく気にする問題ではない。あえてオバマ大統領などのことを出すまでもなく、人間はみな、浅かれ遠かれ、多かれ少なかれ、「人種」の枠を超える存在だからである。あくまでも、人間の集まりである民族や各種の集団、あるいは地域グループなどについてのみ、その成り立ちだとか、歴史の流れだとか、生活風土への適応のことだとかを論議するときにのみ、考えてみるべき問題の一つのようだ。

コラム2　幻想的な「人間と文明の十字路」

わが人生で、「人種」のことを一番よく考えたのは、まだ五〇歳になる前の頃のことである。なかでも、何カ月かのうちにトルコとポリネシアのフィールド調査を「はしご」した頃のことではなかっただろうか。

トルコのアナトリア高原は、遠い昔から人間と文明とが交差する十字路となったところ。そこかしこに、往古からの歴史が積み重なったようなテペ（巨大な台地上の遺跡）がある。そこらのひなびた田舎を歩けば、まるで「不思議な森」に迷いこんだ「アリス」になったような気分が味わえたものだ。コーカソイド系の風貌をした人たちが多いが、モンゴロイド系然とした顔立ちの人たちがいる。さらにはニグロイド系の特徴を彷彿《ほうふつ》とさせるような人たちさえもが行き交う。そんな光景が、なんとも幻想的であった。ともかく複雑多岐にわたる人間模様が不思議でならなかった。少しは「人種」のことでも考えてみようか、そんな思いにさせられたものだ。

その一方で、これ以上ないほどにシンプルなポリネシアでの人間模様は、「人種」というものにこだわることの無意味さを考えさせてくれたものだ。

第4章　身体で輪切りする「人種」神話との決別

1　身体的差異と「人種学」

なにげなく潜在する「人種」意識

人間の身体は心性や気質と相関し、「氏《うじ》と育ち」のうち、氏により決まると考える生物学的決定論の思想がかつてあった。それを人間の集団やグループの優劣の問題に拡張する「人種」主義の思潮が、七〇年ほど前までは、たいへんさかんであった。いまの時代では、少なくともここ二〇年ほどは、そのことを口に出す者は希少になってきたが、現実には、本音の部分では絶滅したわけではないようだ。

ともかく、いまでは「人種」主義どころか、「人種」意識そのものが時代おくれとなった。そんな感がするのだが、実際には、息を潜めて、ひっそりと様子をうかがっているだけなのかもしれない。かならずしも世の人々、世界中の人々の意識から雲散霧消したのではないようだ。われらが人類学の業界でも同様である。ともかく「人種」概念は、神話のかなたの世界に飛び去っていったかのごときなのだが、その言葉の魔性《ましょう》の響きは、たとえ潜在しながらも、いまも意識の底、あるいは無意識の意識のなかに生きのびているのかもしれない。

そもそも「人種」概念の定着、「人種」思想の拡大、「人種」主義の台頭などと、人類学の歴史の流れとは無縁ではない。むしろ、大いに関係がある。

本人の意思ではどうしようもない身体的差異と、それとはまるで関係ない気質的心理的差異とを短絡させる生物学的決定論の思考回路に火をつけて、「人種」神話を燃え上がらせるもととなったのが、人類学（当時は「人種学」）である。一九世紀のことだ。ちなみに、生物学的決定論は、人間性の問題を考えるのに、「氏か育ちか」の「育ち」ではなく「氏」のほうを強調する独断的な考え方（ドグマ）である。このドグマによると、一人ひとりの性格や気質は、そもそもは生まれながらのものであり、それぞれの身体特徴と紙の表裏をなすような関係にある、と考える。

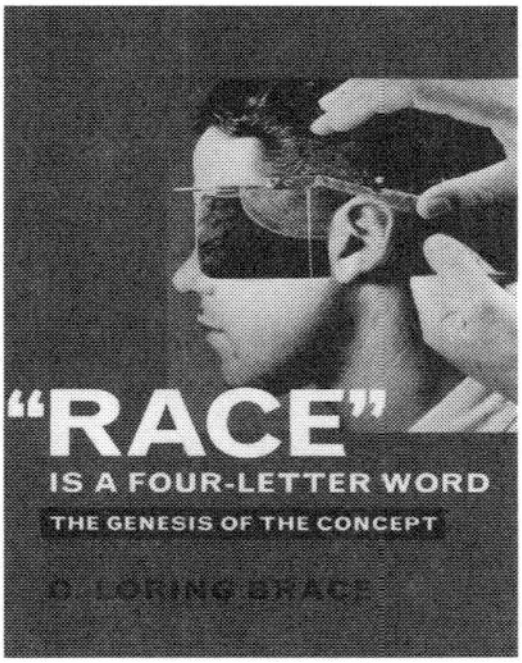

図10　C. L. ブレイス教授著『人種とは、四文字言葉』

「人種」概念の歴史、「人種学」の始まりと終わり、「人種」の今日的意味（無意味さ）などについて、きびしく論じる。いまなお安易に使われる「人種」のことを考える好著。

この章では、いわゆる「人種」のこと、「人種」概念のこと、「人種学」のこと、「人種」神話のことなどについて論じてみたい。もとより、「人種学」が絶滅種のようになった今、いかほどの現実的意義があるか、それは定かでない。わが内なる「ほだ火」を燃やし尽くそうとする目論見である。寝た子を起こすようなことにならないことを願う。

身近にある「人種」神話

いまの世の中、「タテマエ」社会だから、あからさまに「人種」言説を振りかざすような物言いをする者は少ない。なになに「人種」の人間は品性に欠けるとか、怠け者であるとか、野卑《やひ》に見えるとか、のたまう者は珍しい。希少種のようである。

ほんとうに、そう思ってのことだろうか。どうも腑《ふ》に落ちないところがあるのも、またたしか。たとえば、テレビのスイッチをひねれば、アメリカ合衆国の大統領候補などが「あいつらは……」「こいつらは……」などと、ある特定のグループの人たちを十把《じっぱ》一絡《ひとから》げにして、ひどく乱暴な言いかたで演説する様子が目に映る。いかにもアナクロニズムの漂う「人種」弁まるだしの口調なのだ。それをはやし立てる大勢の国民もいる。

もちろんマスコミもおかしい。まるでアメリカ人には、「白人」か「黒人」か「ヒスパニック」か「アジア人」かしか、いないような表現。それ以外はいないのか。中間はいないのか。そんな大根を輪切りにするような、たいへん乱暴な区分。それを身体特徴にからめると、まさに「人種」論そのもの。

「黒人」か「白人」か。そんな二分論は、アメリカが人種主義の老舗《しにせ》であり、まだ人種主義の国であると白状するかのようだ。すでに述べたオバマさんの例だが、彼は「黒人」大統領なのだそうだ。アフリカ系の父と西ヨーロッパ系の母をもつのに、なぜ父の出自が優先されるのか、理解できない。曾祖父母や曾曾祖父母、さらに前にネグロイド系の血筋が入っていても、皮膚色は濃いめだろう。その場合も「黒人」なのだろうか。それに比べたら、父がガーナ系とか母がフランス系と正確に表現する日本などのほうが、よほどましではないか。

もちろん皮膚色のたとえなのだが、人間の皮膚色を形容するのに「黒か白か」、それはないだろう。正しくは「メラニン色素が多か寡か」、あるいは「濃か淡か」だろう。「白」なり「黒」なり、もしくは「黄」「赤」とは、ありえない形容である。

それに日本語でも英語でも、「黒」と「白」とは、正邪《せいじゃ》や美醜《びしゅう》などの対比に使われるから、最悪のたとえである。たとえば英語で「黒を白と言いくるめる」とは、「鷺《さぎ》を烏《からす》と言いくるめる」などと同義。ものの道理を強引に言い曲げること。詐欺師の流儀に通じる慣用句。なにかをイメージさせやしないか。人種論はなやかなりし頃のなごりのようなものである。意識の下の無意識に、かつての人種論的思惑が隠されていることの証左であろうか。

ついでに、もう一つ余談。最近、某著名作家が「黄（色）人種」「白人種」「黒人種」などと書いていた。がくぜんとした。昔の人種論はなやかなりし頃ならともかく、こういう言葉は、いまやスラング（隠語）の類かと思っていたからだ。「黄色い肌」も「白い肌」も「黒い肌」も最悪のたとえである。もちろん人類学の専門用語ではない。たとえば「黄色人種」だが、「黄色いサクランボ」ならあろうが、「黄色い肌をした人間」など、どこにもいない。黄色い皮膚をしているなら、黄疸《おうだん》の症状が疑われる。だから、日本語としても最悪である。

いまなお残る「生物学的決定論」の思考回路

「人種」意識は、一人ひとりの無意識のなかに潜行し、お尻や靴底のあたりに沈殿してしまったぶん、一九世紀の「人種」花ざかりの頃よりも、むしろ質《たち》が悪くなっているようだ。それと同時に、人種差別される側の被差別意識が強くなり、差別に対する逆差別の反動が大きくなり、そうした対立構造のダイナミズムが以前にも増しているのも、またたしか。

現実にもまだ、個人や集団のレベルでの気質や能力の違いのようなものが、身体特徴の違いに関係すると思っている人は、案外、少なくないのではないか。

たとえばフランス語の「数学の瘤《こぶ》がある」とか「商売の瘤がある」とかの言いまわし。落ちつきのない人を、中国で「骨が軽い」と言ったり、日本で「腰が軽い」と言ったり、意志の強い人を「骨が硬い」などと言う表現。さらには「学者肌」「臍《へそ》まがり」などの身体にかこつける用例、などなど。「生物学的決定論もどき」か「生物学的決定論あそび」のごとき表現法にはことかかない。

もちろん、いずれも他愛ないもの。とりたてて角をたてるほどのことでもない。むしろ愛《あい》嬌《きょう》があるとも言えないでもない。だが、世界のどこでも、どの時代にも、気質や才能などが身体特徴と結びつけられやすいことを物語る。たしかに、言葉の遊びの類ならば、実害はなかろう。しかしながら、遊び心と本音は紙一重。とるに足らない可視的な身体特徴をあげて、ことさらに他人の人品骨柄《じんぴんこつがら》をうんぬん、あるいは人間を区別し差別するような場面が、身近に珍しくはないようだ。はたして、人間という動物のさがなのだろうか。

こうした思考回路、目にみえる可視的実体（身体特徴）で、目にみえない不可視的性質（性格など）を推し量る。つまりは、性格とか才能とかは「一つの実体（モノ）」であり、それは身体の上にも表れる、という考え方は、万国共通なのかもしれない。やはり、人間のさ

図11 「人種」区分の難しさ
顔立ちや体形、すなわち身体形で人間を区分するのは、ほんとうに難しいもの。この集団は、さて、何系と呼んだらよいのだろうか。そもそも、そう称する意味はあるのだろうか。(2000年、マーシャル諸島ミリ島にて、坂本俊文さん撮影)

がなのだろうか。

日常的な実例のうち、「ピンからキリ」のピンに当たるのが、男女差別として表面化しやすい男性と女性の区別であろう。男女の違いは表面的でしかない。両者の間に気質や才能に違いがあるように見えても、本質的な違いではない。多分に育てられかたの問題、文化と社会の問題、と考えるのが、いまや常識。「例のもの」があるかないか、そんな卑小な身体の違いとは関係ない。さらに申すなら、それぞれの社会にそれぞれの「男らしさ」から「女らしさ」があるように、個人レベルの問題なのである。ちなみに生身の身体と違い、骨格については、思春期の年頃までは男女の判別ができない。男女とは成人での現象である。

キリの問題となると、枚挙にいとまがない。あえてABO式血液型のことを取りあげる。ほとんどの人間はA型かO型かB型かAB型かである。日本人では、それぞれの型は、おおむね四対三対二対一の割合だが、ポリネシア人などではO型九割A型一割ほどの割合。南米のある部族などはO型ばかり。日本人に愛好者が多いのが、この四つの型による血液型性格判断、あるいは「血液型占い」。これは日本でだけの冗談（そうでないと思っている人もいるようだが）である。世界のどこでも行われていない。

それぞれの型が、性格や相性などを決めるというのだが、まったく根も葉もないバカバカしさということでは、ほかに類をみないほどである。現代の神話のなかでも、そのバカバカしさは最たるものか。酒のうえでの話ならば許されもしようが、実害があるなら、罪作りな話。そのバカバカしさたるや、「人間、その複雑なる存在」ではなく、「人間、かくも単純なる愚かなる存在」なのか、と思うほどだ。

たしかに、ABO式血液型などによる区別の多くは、日常的には害にも毒にもならない。目くじら立てる必要はなかろう。だが、あるグループについて、あるいは、ある特定の人たちについて、身体特徴（外見）から性格など（内実）を決めつけようとするのだから、そこから「人種」主義に至る道は遠くない。もっとも身近な「人種」神話ともいえよう。

「人種学」とナチス

かつて、一九世紀から二〇世紀にかけての頃、人類学の周辺では、地球上の人間を「人種」の名のもとに区分することを目的とする「人種学」という名の分野がさかんであった。人類学の双生児たる民族学でもまた、地理的グループ、地域グループ、さらに部族レベルでの集団を民族の名のもとに分類し統合することが、どんどん進められていった。

そもそも人類学と民族学とは、同根の間柄。あるときは表裏一体をなし、コインの裏表か車の両輪のようだった。のちに離別したが、同床異夢の道を歩んだ。さらに言えば「人種学」も含めて、二〇世紀初頭の頃までは、これらの学問は渾然《こんぜん》一体としていた。「人種」と民族、身体特徴と文化的特徴の区別さえ定かでないほどにグチャグチャの状態だった。

このように人類学も民族学もともに、現代的学問のかたちをとるまでは、人間集団の間でみられる身体特徴とか、文化的特徴とか、風俗や習慣とかの違いをことさらに調べて、「人種」や「民族」に類型区分するのを目的化した。

その流れは必然的に、それぞれの集団の優秀性劣等性、文化的発達の程度、気質的違いを問題にするいきすぎたほうに向かった。それらを測る尺度が模索され、あれこれと提案された。いずれも単純きわまりないもの。たとえば、頭長幅示数《とうちょうふくしすう》やＩＱなど。知能や文化や気質などの複雑きわまりない事象を測るには、滑稽としかいえない代物ばかりであった。

ことに、身体形質によって人間の集団を区別せんとする人種学は、実証主義を標榜《ひょうぼう》する西欧流の人間理解において、わかりやすい手段として受け入れられた。複雑きわまりない人間の身体の造りが、シンプルな数値で表現されるのだから、わかりやすいわけだ。たしかに西欧流の人間理解は、人間を区別し差別することに原点があった。その必要性に応えるわけで、大いに歓迎された。

そのような時流を悪質なイデオローグたちは見逃すはずがなかった。「人種学」の成果なるものは、民衆をたぶらかす詭弁《きべん》として大いに利用された。さまざまなプロパガンダに仕立てあげられた。「鷺を烏と言いくるめる」、あるいは「鹿を指して馬と為す」などは、朝飯前のことだったろう。

その最たるものが、ナチス・ドイツのユダヤ人排斥政策であり、その対極に仮想するアーリア人を選良民族と吹聴《ふいちょう》する政策である。たいへん馬鹿げた思想だと誰もかもが一笑にふすのだが、脅迫と暴力にはなすすべもなく、悪夢が現実となった。「人種」と「民族」により人間を分断するシステムが、西欧流のヒューマニズムの陰の部分に広く浸透していたことを物語る。そして、戦乱の状況などでは、政治や経済や宗教などの社会問題と絡みあうようにして、「人種」的な偏見が顕在化したのである。

「人種」に関するユネスコ宣言

このように社会認識や政治政策の問題で濫用、悪用された「人種」概念の誤解をほどくべしとする気運が、第二次大戦後、ようやく高まってきた。

そんななか、ユネスコにより一九五〇年に発表されたのが「人種に関する声明」であり、翌一九五一年に発表されたのが「人種と人種差の本質に関する声明」であった。ことに後者は、「人種学」なるものの旗振り役となった人類学者が中心となってまとめたものである。そこでは、「人種」概念が実体的なものではなく、たんに人類学研究の分析手段でしかないこと、文化的特徴によって区分される「民族」とは似て非なるものであること、いささかでも誤解を生ずるような「人種」の使い方は厳に慎むべきであること、などなど。そんなことが、明確にアピールされている。ようやく「人種」概念が野放し状態からみなおされ、その危うさを明示するガイドラインのようなものが示されたわけである。

原文を掲載するのは他にゆだねる（たとえば小松勲・山口敏「人種」『現代人間学I』みすず

書房、一九六二)。ここには要点だけ、いくつかのポイントだけを順不同で挙げておこう。

①「人種」という言葉そのものが従来、まったく不正確に用いられてきたこと。②「人種」分類は、すべて生物学的な身体特徴を基準になされるべきで、各種の身体特徴の総和によってのみ可能であること。③「人種」のいかんにかかわらず、すべての人間はホモ・サピエンス(現生人類)という単一の動物種に属しており、一般には「人種」差よりも一人ひとりの個人差のほうがはるかに大きいため、いくつかの「人種」を区分しても、その境界はきわめて曖昧にならざるをえないこと。④個人間の身体特徴の違いは遺伝要因と環境要因の双方に起因するのであるが、「人種」差と呼ばれるものの大部分は各々の地域での気候条件・生活条件に適応するようにして生じてきたこと。⑤「人種」特徴の違いは表面的なものでしかなく、文化的心理的な優劣などとは、いっさい関連がないこと。⑥一人ひとりのパーソナリティや性格は「人種」とは、なんの関係もなく、いずれの「人種」、いずれの人間集団をとっても、実にさまざまなタイプの人間がいること。⑦結局のところ、あれこれと曖昧で誤解を招きやすい「人種」という言葉は不必要に用いるべきでなく、人類の進化などを論じるときにのみ限定した文脈で用いるべきこと。⑧あるいは、「人種」という言葉をやめて、かわりに地理的グループとか民族グループなどと呼ぶほうがのぞましいこと、などなど。

ユネスコ宣言は断言する。近年の人類学における研究はたいてい、孔子の謂《い》う「たがいに人間の本質は似ているが、習い性によって違いが生じる」との金言が完璧までに正しいことを示唆する、と。

みせかけの「人種」差、仮面的「人種」差

くだんのユネスコ宣言にもかかわらず、「人種」特徴（ある特定の地理的グループや集団で特徴的な身体形質）に起因して、あるいは相関して、なんらかの能力的気質的な違いが人間の集団間にあると信じている人は、いまの時代でも（今だからこそ?）少なくはない。

もちろん集団間に、なんの気質的な違いがない、とは申すまい。だが、そうした違いが現象としてうかがえるとしても、実際には「人種」特徴と相関するわけではない。おそらくは生得的な違いではない。気候風土や生活、あるいは歴史や伝統などによって培われたに違いなのであって、一人ひとりの性格が誇張された「みせかけ」だけの違いであろう。

たとえばヨーロッパ人だが、南欧人、北欧人、東欧人などと、まるで大根を輪切りするように語られる。皮膚色が濃いめで黒髪で短頭のイタリア人やスペイン人は、明色の皮膚とブロンドの髪と長頭面長の北欧人と違い、おしゃべりで社交好き、活発で興奮しやすく、いつ

もせっかちである、云々《うんぬん》と。しかるに北欧人たちは、穏やかで内向的、活発に議論するよりは内省に傾きがちである、などと。南欧人と北欧人の間に気質的な違いがあり、それが容貌の違いに相関すると、ほのめかす言い方である。実際、ほんとうにそう思っている人もいるようだ。ならば、それはそれで大問題。まるでユネスコ宣言の精神に喧嘩《けんか》を売るようなものである。

後にも述べるが、南欧人と東欧人と北欧人などのレベルで可視できるに十分な身体特徴の違いがあるとの証拠はない。気質の違いのようなものも、あるのかどうか、あやしいものだ。身体特徴に「人種」的な違いが客観的に認められるのは、せいぜいのところ、コーカソイド、ニグロイド、モンゴロイドほどのレベルだけであることは、すでに述べた。たとえばイギリス人とガーナ人と日本人などの間で区別できるにすぎないわけだ。

それよりも小さな集団レベルでは、顔立ちや体形だけで区分するのは容易でない。と申すか、その道の専門家（たとえば、形質人類学者）にも難問にすぎるだろう。たとえば、スカンジナビア人とイタリア人などの間、中国人と韓国人と日本人などの間、さらにはインカ人とマヤ人などの間では、「人種」的な違いなどないに等しい。あるとすれば、身体のしぐさや、言葉や、服装などの民族的な違い。あるいは、身長などの平均値での微妙な違い程度。一人ひとりの無言で無表情の顔を見ただけでは、まるで判別などできそうにない。

気候風土と歴史的背景

さきのイタリア人と北欧人の話を続けると、そもそもは両者の間で、身体的違いすらも十分に区別できないのだから、かりに心性や気質に違いがあるとしても、「人種」性の問題でないのは明らか。せっかくだから、もう少しだけ議論を進めてみよう。

南欧の人々と北欧の人々との間には、なんとなくではあるが、容貌や体格などに違いがあるように見える。わけ知り顔で、そう答える人もいる。だが実際には、一人ひとりについては、案外、曖昧である。南欧顔と北欧顔とが区別できるわけではない。たとえ非常に優れた人相家でも、パリの街角などで一人ずつの顔を見て、正確に出身地を言い当てるのは、逆立ちしてもできないそうだ。むろん、一〇〇人の集まりならば、当てやすかろうが。たとえ混血のない西欧人でも皮膚色の違いなど、まさに皮相な違いでしかない。それぞれの人の受ける日照量の違い、あるいは、その感受性の違いによっても変わる。だから、そんな些細《ささい》な違いと、性格や気質での繊細な違いとは関係づけようがない。

もっとも、人間の集団間で気質などに違いがあるようにみえるのは、気のせいだけではないだろう。なにも不思議なことではない。たとえばイタリア人の間で、おしゃべりで社交家が多いのは、温暖で風光明媚《めいび》、晴天が多い気候で過ごすから、あるいは、外に出て大勢でワイワイとワインでもやる機会が多いから、かもしれない。だから、そういう習慣が身についただけのことかもしれない。いずれにせよ、彼らの身体性とは関係ない。生活習慣や気候風土と関連する問題なのだ。

結局のところ、コーカソイドとかモンゴロイドとか、そういう大雑把なグループの間でのみ、なにがしかの人種差のような身体上の違いが認められうる。でも、近しく混じりあいながら暮らしてきた人々を個人レベルで判別するのは難問である。なにしろ人間は、移動好き性交好きの動物だから、いつの間にか、境界がわからなくなる。あるいは、はじめから境界ができない。いずれにせよ人種差というものは、それぞれの集団が長い間、遠い距離を隔て、海や大河や山岳で隔てられ、気候風土や生活条件を異にしてきたために形成されたものである。ともかく、時間と空間と気候風土と生活条件とにより育まれた歴史的産物なのである。まさに個々の集団が育まれてきた歴史を雄弁に物語る身体上の表徴なのだ。と同時にそれは、ユネスコ宣言にあるように、たとえ集団の性格や気質、文化的な優劣のようなものがあるとしても、まるで関係ないのだ。

たとえ集団の気質、あるいは民族の性格などがあるようにみえても、あくまでも幾人かから気まぐれに演繹《えんえき》できるにすぎないはずだ。それを、主観的に膨らませているにすぎないのだ。ましてや身体特徴とは無縁の代物。イタリア人なら誰でも話し好きだ、エスキモー（イヌイット）は誰もが寡黙だ、などと考えてはいけない。どの集団の成員でも個人性がすこぶる大きい。たとえイタリア人でも十人十色。個人性は、それぞれが過ごしてきた気候風土、生活環境、社会環境、家族環境、などなど、さまざまなレベルの環境要因によって、いともたやすく左右される。

もしも個々の集団について、なんらかの身体特徴が読みとれるならば、それはそれで、当の集団の成り立ち、歴史的変遷、外界との関わりを考えるうえで、たいへん重要な斬り口を提供しよう。自分自身は「身体史観」と名づけるが、たとえば日本人などの来歴を探るうえで、すぐれて有力な研究手段となりうる。だが実際には、集団の気質などと考えられているものは、多分に仮想的である。とりわけ印象に残りやすい少数の人間の個性が投影された主観にすぎないことが少なくない。

2　民族と「人種」

「人種」区分の曖昧さ

「人種」を云々するときに最大の問題となるのが、「人種」区分の悩ましさである。たとえAならばAという「人種」集団を設定しようにも、まわりの「人種」集団との境界を画するのは、まこと至難である。とにもかくにも、「人種」概念そのものが人為的にすぎるからなのであり、それゆえに、その集団の広がりなりが曖昧にならざるをえないのだ。

同じく人間集団を表す概念でも、なにかの文化的特徴で区別する民族のほうは、たとえば、ある言語の使用状況をもとにして、その言語の現在の分布なり、過去の分布なりから特定の民族の広がりを設定するのは、さほど難しいことではない。あるいは宗教からも、民俗や習慣のようなものからも、極端に言えば、個々の文化要素からも、一つの民族を客観的なかたちで設定することはできる。

ところが身体形質で区分する「人種」については、そうはいかない。それぞれの形質がバラバラのパターンで変異するから、あちらを立てればこちらが立たず、こちらを立てればあちらが立たず。幾通りもの「人種」模様が描ける。もっともわかりやすい形質をとばかりに、皮膚色、身長、頭形、頭髪性状、ＡＢＯ式血液型遺伝子の頻度などを考えても、一筋縄ではいかない。形質の数ほどに「人種」区分が設けられかねない。最近では、ゲノム（核ＤＮＡ

の全塩基配列）で区分する試みなどもあるが、絶望的なほどに複雑になりかねない。結局のところ、主観的なものとならざるをえない。かつて「人種学」が華やかなりし頃、研究者の数ほどに「人種」区分ができる、と、言われたりもした通りだ。

たとえコンピュータなどを駆使しようとも、同じこと。多項目にわたる生体や骨の計測値、さまざまなＤＮＡ型の出現頻度、あるいは多くの遺伝子の頻度に関わる情報を総合しようとしても、事情は同じことだ。あるいは、もっと深刻な事態になろう。結局は、どのような形質を用いるか、どんな組み合わせにするか、どの種の形質を重視するかしないか、などによって、「人種」区分は異なってくる。要するに、やればやるほどに混沌《こんとん》としてくるわけで、人為的な臭いが強くなる。ともかく、そんなタメにするようなことなら、なにもしないほうがマシかもしれない。それが「人種」区分というものだ。

「人種」概念は近代の神話

「人種」区分において、決め球となる身体形質など、そもそも存在しない。もちろん「人種」分類の標準も基準もない。従来の「人種学」なるものでは、その道の人類学者が、自分が得意とする形質を用いて、自分なりのやり方で、「人種」を分類し区分していたわけだ。

この点でも、民族の区分とは大いに異なる。民族分類の尺度となる文化要素は案外、わかりやすい場合が多い。それぞれの要素は、大小さまざま、色合いや模様もさまざまなビー玉のようなもの。容器のなかで、どんなにかき混ぜても、赤い玉は赤い玉、青い玉は青い玉。せいぜいのところ、わずかに褪色《たいしょく》するか、ガラスの一部が少々欠ける程度のこと。かなりの年代を経過しようとも、どんな色であるか大きさであるか容易に判定できる。もちろん文化要素も変化したり消え失せたりはするが、痕跡をとどめないほどに変わりはてたり、足して二で割るように混ざりあうことは、たいへん珍しい。

しかるに「人種」区分。その素材となる身体形質は要素に分解しにくい。集団と集団が混じれば、絵の具をかき混ぜるようなもの。あるいは、酒を酒で割っていくようなもの。時間が経つほどに、どんな色の絵の具だったのか、どんなウイスキーだったのか、皆目わからなくなる。ただ混沌としていくだけだ。

そんなこんなで、いわゆる「人種」と民族とでは、それぞれの構成メンバーがいだくアイデンティティ（帰属意識）のありかたが異なる。言葉であれば、別の言語を使う隣の人たちとは違うのだ、と、すぐに意識できる。ところが皮膚色などとなると、同じグループでも一人ひとり、けっこうバラツキがある。別の集団にも同じような皮膚色をした人はいくらでもいる。だから本来は皮膚色で、ましてや頭形などで、帰属意識が芽生えることなどありえない。人類学者と称する人たちに、おまえたちと隣の集団とは背丈の平均値が異なるから「人種」が違うのだ、などと言われても、そんなもの、と、いぶかる程度でしかないだろう。

西欧列強国が一七世紀頃、植民地獲得競争を始め、土地の収奪に狂奔、地球上を狭しと押しかけ動きまわり、地域色の豊かな人々に出会うようになるまでは、「人種」は、たいして問題にならなかった。少なくとも「人種」(RACE)という四文字言葉を云々することはなかった。多くの地域の集団の間で、身体形質の違いが帰属意識の問題におよぶような状況などなかった。それに、近くに住む集団なら、たとえ文化特徴(ことに言語)が違えども、おたがいが意識するほどには身体特徴に違いがないのが普通。たしかに、「人種」的な帰属意識(うちなる「人種」意識)も「人種」区分(そとからの「人種」意識)も、まさに近代になって芽生えた。西欧人の植民地主義による産物と言えなくもない。その伝で言えば、近代になって創造された神話のようなものなのだ。

ひとむかし前の人類学の教科書などには、「古代エジプト人は色々な皮膚をした人々を壁画に描いた」とか、あるいは、「古代ギリシャ人が周辺の人々の身体特徴を記述していた」とかの理由で、その当時、すでに「人種」が意識されていた、などの解説があった。だが、当時の人々がはたして、人間の身体をグループ分けの道具として考えていたのか、怪しいものだ。たんに写実的に描いてみただけのことかもしれぬ。家畜の品種については、十分に知識があったようだが、人間の「人種」を同じように考えていたか否か、それは疑わしい。

まさに「人種」概念とは、近代になって欧米人が植民地政策のために創造した神話なのであろう。これが本章でもっとも言いたいことである。神話は英語でミス（myth）だが、これはギリシャ語のミュトス（mythos）に由来する。論理的な思考をさすロゴス（logos）の対語であり、ある意味を背後に隠す神聖なる叙述ほどの意である。「人種」概念は多くを隠している。だからこそ「人種」概念は、とても人為的な匂いがする。

図12　古代エジプト人のキャラクター図
古来、北アフリカや西アジアなどは文明と文化の十字路であった。人間もまた、そうであった。南から北へ、北から南へ、東から西へ、西から東へと、人々が複雑に交差した。たとえば古代エジプト人。ヨーロッパ系ともアフリカ系とも区別できない人物が多くいただろう。（清斗さん画）

現実問題、たとえばギリシャ人と、その隣人グループとを身体特徴の違いで区別するのは無理筋というもの。文化的な装い、つまりは言語とか、衣装とか、姓名とか、人々の仕草などを、まったく考慮せずに、そしていっさいの思いこみや偏見なしに、身体形質の違いで集団を客観的に識別できるのは、モンゴロイド、ニグロイド、コーカソイドくらいの大きなレベルでの話だということは、くりかえし申してきた通り。「人種」差なるものの実体は、その程度なり。

「民族」との違い

ところで、従来、「人種」概念にとりつかれていた感のする人類学の周辺でも、もはや「人種」は、限りなく死語に近い状態となった。完全に死んではいないようだが、死に体のありさま、瀕死《ひんし》の状態である。

どのレベル、どの種類の人間のグループをもって「人種」と呼ぶのか、その道の専門家たるべき形質人類学者さえも、うまく答えられない。それが実情。それに「人種」概念についてのコンセンサス（認識合意）が、ますますもって曖昧となってきた。すべての現象事象について言えることだが、かならずしも研究が進むほどに、その内容がよく見えてくるわけもない。まさに、その適例が「人種」だろう。ともかく混迷の度合いが増すばかり。

さきにも述べたが、ホモ・サピエンスという動物の場合、どのレベルの集団についても、いずれの形質についても、普通は、一人ひとりのバラツキのほうが集団の平均値の違いよりも大きい。だから、どのレベルから上位の集団を「人種」なり、としたところで、隣りあう「人種」同士の間で線引きするは難しい。地域にもよるが、ある集団の周りはグレーゾーンばかりが広がるということも起こりうる。

たとえば、イギリス人は一つの「人種」なり、日本人も「人種」なり、としてみたところで同じこと。たしかに、この二つの集団だけについては、それぞれの人を顔立ちと体形だけででも、いずれかに振り分けるのはたやすいことだろう。しかしながら、その両者の間に存在する同レベルの集団、つまりは「人種」をいくつか並べてみると、どうなるであろうか。結局のところ、両集団は連続してしまう。テームズ川の水と淀川《よどがわ》の水とは海を介してつながってしまう。もちろん水の色は違う。水質も違う。流速も違う。水温も違うかもしれない。だが本質は同じ、水は水なのである。それと同じことだ。

その点、民族は「人種」とは大いに異なる。似て非なるものの典型だろう。言葉の違いや、宗教の違いや、生活習慣の違いなどは、けっこう不連続的である。つまるところ、「人種」概念は曖昧にすぎるが、民族概念も同様に曖昧だというわけではない。民族概念には、少しは実体が伴う。民族という言葉に対しては、「人種」ほどには、目くじらを立てる必要はないだろう。ひとりの人間が胸を張り自らの帰属を意識するのは民族のほうなのであり、「人種」ではないからだ。

文化人類学と形質人類学の違い

人類学を大分けすると、文化人類学（そもそもは民族学）と、形質人類学（そもそもは「人種学」）とが、その両輪をなす。この両者の「人種」へのまなざしはどうだろうか。違いがあるのだろうか。対比して見てみよう。

一般論で申すと、いまや後者は「人種」にきびしいが、いまでも前者はそれほどでもない。むしろ、「民族」に対するのと同様、「人種」についても寛容なようだ。たとえば、私が昔、教科書のごとくにしていた『文化人類学入門』（祖父江孝男著、中公新書、一九七九）には、「ここで改めて強調しておくと、〈人種〉とは、この地球上に現存する人類を〈先天的・遺伝的な身体上の特徴〉で分類したときの単位であるのに対して、〈民族〉とは、おなじ人類を〈後天的・非遺伝的な文化・社会の特色〉で分類したときの単位なのである」などとある。まったくの相論併記。「民族」と同様、「人種」もまた、人間を区分する単位だと明言している。そして、この二つが、あたかも対立概念であるかのごとく書かれている。ともかく「人種」にも寛容である。

その点、同じ頃に出版された形質人類学者による『人類生物学入門』（香原志勢著、中公新書、一九七五）のほうが、よほど手きびしい。「人種」特徴が、ほとんど「見かけ」だけのものであり、「見かけ」を過信するのは危険であろうと、「人種」にこだわることの無意味さをつつましく指摘している。たしかに、本人の意思ではどうにもならない「見かけ」の違いにこだわりすぎるのが「人種」概念であるのはまちがいない。

その『文化人類学入門』はさらに、「高校社会科の人文地理の教科書における人類学関係の記述について調べてみたところ、人種と民族の記述に関してまったく誤りのなかったものはほとんど皆無に近かったのである」とも書く。この指摘は、よく考えてみれば、なんだか妙である。

はたして、どんな基準で「人種」の記述の正誤が判定できるというのか。なにしろ、人類学者の数ほどに区分法があるのが「人種」。つかみどころのない妖怪のごとき概念だから、「民族」と混同しないほうが難しいように思うのだが、どうだろうか。日本語の「人種」は、まさに「民族」と紙一重、そんな使われかたではないか。ともかく問題となるのは、混同するかしないかではない。「人種」のごとき怪しげな用語は、人文地理などの教科書から排除すべきなのだ。むしろ国語かなにかの教科で扱うべきではないだろうか。

くりかえす。地球上のホモ・サピエンス（現生人類）を区分するツールとするには、「人種」概念は、いささか曖昧にすぎる。人類学で許されるのは「人種」形質、あるいは「人種」特徴などの言葉あたりまでか。身体上の遺伝的多様性ほどの意味でだが、これにも抵抗感が残る。まあ、無理して「人種」など使わずとも、民族グループとか、あるいは、地域的グループか地理的グループとかで間に合うのではなかろうか。少なくとも先史人類学の文脈では、あるいは日本人の起源とかを論じるぶんには、十分に事足りよう。

「人種」は「みかけ倒し」か「みかけ以上」か

ここでは、「人種」概念の是非、有効性、役割などについて、とことんこだわってみたい。この言葉の神話性、幻想性、曖昧性、誤謬《ごびゅう》性などを論じることで、ともかく人類学の最大の課題ともいえる「人間とはなにか」を考えるのに、いかほどに役立つか役立たないか。そんなことを思索してみたいからだ。

たしかに二つの流れの人類学者がいる。一つは、「みかけ倒し」にすぎないのだから適当にあしらおうとする流れ。一つは、「みかけ以上」に重々しい概念だから、軽々しくは扱えない、用心にこしたことはない、安易に用いることはできない、とする流れ。私自身は、まちがいなく後者の慎重派に与《くみ》するだろう。

ホモ・サピエンスの地域グループ（西欧人が世界進出を始め、世界各地で既存の秩序を乱し始めるより前に各地域にいた人々）の間には、みかけの身体形質に、さまざまな地域的な違いがあった。そのことを西欧人の探検者、冒険者、征服者たちが発見した。それが人間の本性でもある知的欲求心に呼応、そうした多様化現象、多様性が生まれた背景、理由、歴史過程などに対する興味が高まった。詳しく記録し現象をとらえ、ただしく理解しようとする営みが開始された。それが人類学。人間の地域性を探ろうとする道が拓《ひら》けたわけだ。

まずは人間の多様性を分類する必要があった。なにかを分類することは科学的な装いをこらすための第一歩となる。単位となる集団に分け、似たもの同士、近いもの同士をつなぐクラスター（集合）を設定しなければならない。そうした要請に沿うように考案されたのが「人種」の概念である。そこまではよい。

ところが、そのときに発明された「人種」概念が曖昧にすぎ、抽象的でありすぎ、主観的でもありすぎたようだ。それがゆえに、いまなお続く「人種」をめぐる人間の悲喜劇が始まった、ということだろう。

人類学者の数だけ「人種」があった

そもそも「人種」概念を考案したのは、スウェーデンの博物学者C・リンネその人であった。彼は西欧流の民俗分類（Folk Taxonomy）に基づき、生物世界を体系化したことで知られるが、ホモ・サピエンスであるヒト種のなかに、アメリカ人、ヨーロッパ人、アジア人、アフリカ人などの下位の分類群を提示した。一八世紀のなかばのことであった。「人種」劇の始まりだった。

そのリンネによる人間の分類法を修正しようとしたのが、のちに人類学の父と呼ばれることになるドイツのJ・ブルーメンバッハである。ここではじめて、「人種」という言葉が世に登場することとなった。コーカサス、モンゴル、エチオピア、アメリカ、マライの五つを「人種」に数えることにした。

その後、さらに「人種」分類が盛んとなり、どんどん小分けする方向に進んだ。その頂点にあったのは二〇世紀の初め頃だろうか。まるで生物の分類学と同じ、人間の身体特徴をマニアックなまでに細かく記載することが流行《はや》った。あげくのはてに、大人種、人種、小人種、亜人種、地域人種などに小分けする階層分類が大いに流行った。人類学者の数ほどに「人種」があり、「人種」分類法があると、揶揄《やゆ》されたりするほどの賑《にぎ》わいとなった。ともかく、「人種」を細かく分類することが目的化されたわけだ。

その頃、「人種」分類の基準にされたのは、身体の上面《うわつら》だけを見るような身体特徴ばかり。当然のこと客観性のほどは、すこぶる怪しい。あわせて、民族誌で記されるような文化的特徴もまぜこぜに扱われた。

リンネは皮膚色の違いを強調したのに対して、ブルーメンバッハは頭形（頭長幅示数《とうちょうふくしすう》）を重要とみなした。その後も顔のプロフィール（顔面形）、毛髪の性状、鼻のかたちなどを重視するなど、気まぐれを絵に描いたような分類法が少なからず提案された。要するに、馬や羊などの品種を分類するように、人間を分類しようとしたのである。ただ、さまざまに交流し、さまざまに重なり合って存在する人間グループの複雑さが、家畜の品種とは似ても似つかぬレベルにあったがゆえに、たいへん話がややこしくなってきたわけだ。

一九世紀から二〇世紀の前半にかけて、たとえば頭蓋骨の前後径と幅径（左右径）との比率で表す頭長幅示数とか、ABO式血液型の遺伝子頻度とかに基づく「人種」分類が、つぎつぎに体系化された。一見、科学的な装いをこらした「人種学」なるものが、「人種」の実体を描こうとばかりに躍起となった。しかしながら、「人種学」は、しょせん「人種学」。煙のごとき頼りなさで「みかけ」だけの「人種」概念を実体化しようとしただけのこと。大小さまざまな人間グループを無理矢理、秩序に取りこむ試みでしかなかったようだ。

ことほどさように、実際は「人種学」の方法論に、たいして科学的な動機づけ、意味づけがあったわけではない。だから「人種」そのものも、はなはだ実体性に欠ける怪しげな概念でありつづけた。

日常語としての「人種」

かってに言葉だけが一人歩きをして、広く世間に流布することは珍しくない。「人種」という言葉も、そんな例だろう。人類学という学問領域、あるいは「人種学」という学問分野（もどき？）の枠組みから外れ、業界語であることをやめて、いまや括弧なしの一つの日常語となった。そして、なんらかの不特定な属性をもつ人間グループを指し示す日常語として広く使われるようになった。

そもそものなりゆき、日常語となっても、多少とも独断と偏見の匂いがただようことが多い。最悪なのはナチス・ドイツで始った例。「ユダヤ人種」とか「アーリア人種」の例。まさにトンデモ語が捏造《ねつぞう》され、悪質なプロパガンダのために使われた。いまでも見かける危険な用例。

それとは逆に、軽いのりで使われることも少なくない。たとえば「政治家という人種」「テレビタレントという人種」などの言い方。あまたあるが、これらにも揶揄的な意味がこめられていることが多い。その他、メディアなどで頻発する「人種」暴動とか「人種」戦争とかの例は、ことさらにどぎつい表現例と言えよう。ともかく日常語となっても、「人種」には、「あく」の強さがつきまとう。

いまなお地理学や人類学の類の教科書などには、「人種」とは「遺伝的な身体形質の違いで区分される人間の集団の意である。つとめて慎重に使うべし」など、タテマエ調の説明が付されている。この手の記述には、あまり愉快にはなれない。もはや一般語として世間に定着した言葉に対して、それはまちがいだから改めよ、などとは、おこがましいではないか。高みから説教したがる啓蒙家《けいもうか》もどきの言いぐさのようで、うさんくささささえ感じる。

この「人種」という言葉ほど、難儀な日本語もめずらしい。かつては、この言葉の猛獣性を使い慣らす役割を担っていたはずの人類学者も、いまはその多くが、いったいなにが「人種」なのか、と問われても、しどろもどろになるか、てんでにバラバラな答えを並びたてるだけ（私も例にもれず）。それでもなお「人種」に固執するなら、もはや人類学の隠語のようなもの。ただし、日本「人種」などとは言わないほうがよい。日本人とは、人類学的な意味での「人種」ではないし、ましてや、同業同種同類の集団を指す日常語でもない。

結論。「人種」を人類学の基本概念とする立場は放棄すべきであろう、と唱えるC・L・ブレイス氏の主張は尊重されるべきだと、私は思う。

ともかく「人種」は、その意味が曖昧にすぎる。それに、かならずしも人類学の研究に必要なわけでもない。その替わりは、民族グループとか地理的グループとかで十分だろう。それに「人種」は、類型学（タイポロジー）の臭いをひきずるから、ささいな共通項で人間を十把一絡げにし、わけもなく区別し差別する流派に加担することになりかねない。もとより類型学とは「輪切り思考」のこと、大根を輪切りにするがごとき乱暴な考え方である。もちろん「人種」は、民族学や社会学のなかでは、いまでも十分にキイワードたりえよう。

帰属意識こそが集団の基準

日本語の「人種」とは、たとえばドイツ語のRASSEか、英語のRACEを輸入し、意訳したものだろうか。日本語の「人種」は意固地な響きがするが、英語のRACEのほうがゆるやかな語感である。「日本人種」などと耳にすれば、きわどい感じでドキッとするが、

“The Japanese Race”は「日本民族」と翻訳され、大きな違和感をおぼえない。それは、自分だけのことだろうか。

このRACE、そもそもはアッシリア語のRAESから転訛《てんか》、語源的には、物事の筋道、あるいは生物の系統、家畜の品種などを意味する言葉だったようだ。

それに対して、そもそも日本語の民族が由来するのは英語の民族（Ethnic group）、その語源にあたるギリシャ語のエトノス（ethnos）は、本来の意味が「群れ」であり、有象無象のごちゃごちゃした動物の集合のことであり、蟻の「群れ」とか、蠅の「群れ」とかのごとく使われていたようだ。それが道を外れて、人間の集団を表す言葉として使われるようになったのらしい。

このように「人種」と民族とは、出発点においては、まったく別の言葉であったが、いつのまにか、人間の集団ないしは集合を表現する概念となったのである。そして二〇世紀の前半までの「人種学」全盛の頃には、ほとんど同じ意味合いで用いられ、両者の区別に特別な配慮がなされていたようには思えない。どちらも西欧流の植民地主義の世界観のまま、世界中の人々を分割し、切りばりする概念として、なまなかならぬ役割を果たしてきた。

ところが既述したように、最近でもなお、多くの人類学の成書には、民族は文化的特徴による人間グループの区分に適用すべし。人種は身体特徴による区分に使うべし。ともかく、民族と「人種」は厳密に区別すべし、などと記述される。たしかに言葉で表すのは容易、頭のなかで考えるのも容易だが、実際には、すっきりと両者を区別できるわけではない。

ある言語とか、なにがしかの文化的特徴の広がりとかで、ひとまとまりの人々を一つの民族として定義するのは案外、たやすかろうが、ひとそろいの身体特徴を備えた人々の境界をひくのは至難である。たいていは不可能。せいぜいのところ、オーストラリア先住民とかニューギニア高地人、あるいはポリネシア人など、特殊な生活環境に住み、長い間、周辺グループから隔絶されてきた人々の場合でのみ想定することが可能だろう。

とりわけ移動好き社交好き性交好きの人間という動物の場合、たやすく集まり、すぐに離れたりするから、一定のかたちをもつ集団を区分するのは容易でない。そんなこともあり、現在の人類学で集団を区分するのに、より重視すべき基準となるのは、はたから眺めて判別する身体特徴の違いでも文化的特徴の違いでもない。むしろ人々の内なる集団意識、帰属意識、仲間意識なのである。どこに属するのか。どの集団の仲間として自分を意識しているのか、それが問題なのである。

民族と「人種」、どちらのほうが、自らの帰属意識になじみやすいだろうか。おそらくは、いささかの迷いなく、前者である、と答える人のほうが多いだろう。

民族の表象となる身体

つまるところ、そもそも「人種」区分や「人種」分類とは、皮膚の色とか髪の毛の性状とか、あるいは体形とか体格とか、たんなる身体の見かけの違いによって人間を区別するトリックのようなものである。かつての西欧列強国による自国民中心思考（中華思考の類）の身勝手な意図が見え隠れする。民族区分と違い、「人種」区分のほうは、本人の意思ではどうにもならない身体の違い、わかりやすそうな違いに着目するところが、なんとも悩ましい。

その着目点は、なんでもよいわけで、深い意味などない。「トリック（騙《だま》し）とはレトリック（表現法）」のなのだ。たとえば、フランスの人種学者トピナールなどは、外鼻の形こそ「人種」分類の基準としてふさわしいと信じていた。実は偶然にも、オーストラリア先住民のなかにも鼻の形に非常にこだわるグループがいるそうだ。おそらく彼らは、自分たちの大きな鼻こそが美の原点であると考える独特の集団意識を持っているのだろう。ちなみにギリシャの哲人ヘロドトスは、なににも増して、頭骨の厚みを強調したようだ。

もちろん、皮膚色、毛髪の性状、体形や体格、身長、頭形や顔形などなどは、おたがいに相関するわけではない。しかも各集団は、多くの形質について、連続的に変異する。そして、どの集団でも個人差が無視できないのだから、平均値で比較するほかない。たとえ、比較する集団数、形質数、個人数などを多くして、客観性を強調しようと目論んでも、そうするほどに逆に、グループ間の関係性は見えにくくなり、「人種」区分のあぶなかしさが露呈してこよう。蜘蛛《くも》の糸にからまるようなものだ。

たとえばポリネシア人（第6章で詳述）。これほどに均質なグループは珍しい。だが、むしろ珍しいがゆえに逆に、雑多な「人種」の寄り集まりと見なされたこともある。「人種」概念の曖昧さ、実体性の乏しさを、よく物語るエピソードと言えよう。

さきにも述べたが、民族と「人種」、どちらのほうが集団意識のようなものを実感しやすいか、ということで言えば、まちがいなく民族のほうに軍配が上がる。ある民族グループ内での言語なら言語についての共通意識の強さは、「人種」グループ内での身体形質についてのそれの比ではない。

民族を同じくする場合、たいていは同じ言語を用いる。言語ほどに仲間うちの親和効果をうながすものはない。マイノリティの民族が言語の維持復興にこだわるゆえんである。くわえて、同じ民族の人々は共通の風俗習慣を大切にし、同じような行動をとり、同じような思考をしやすい。だから集団への強い帰属意識が自然発生的に生まれる。「アヒルのように歩き、アヒルのように鳴き、アヒルのような格好をするなら、それはアヒルに違いない」——そんなことを実感し続けるのが民族という運命共同体なのだ。しかるに、同じような鼻形、頭形、体形、皮膚色、体毛であろうと、同じ血液型や遺伝子型を持っていようと、仲間意識が生まれやすいとは限らない。

しかしながら現実には、民族的帰属意識なるものも言語などの純粋に文化的特徴だけに根ざすのではなく、ときに、なんらかの身体特徴が関わることがある。その多くは「身体特徴もどき」なのかもしれないが、少し拡張した意味で身体特徴のことを考えてみよう。

「文化的」身体形質、あるいは疑似的身体形質

身体特徴は狭義には、顔立ちや体形、皮膚色の濃度、毛髪の性状、耳垢《みみあか》タイプや腋《わき》がなど、形態的特徴、生理的特性、遺伝子変異など、ある程度の遺伝性が認められる身体的性質（形質）だけを指す。だが、なんらかの身体加工や身体変形もまた、立派な身体特徴には違いない。あるいは、各種のアクセサリーや衣装などの身体装飾、さらには身ぶりや仕草や踊りなどの身体表現も身体特徴と言えなくはない。

図13　入れ墨の類は「文化的」、あるいは「表現的」身体形質
ポリネシア人の間では、入れ墨の類が、たいへんポピュラーである。自分たちの民族性、アイデンティティ、家系の絆、自分史などを確かめる重要な印となる。ちなみに、英語のタトゥー（tattoo）の語源は、入れ墨を意味するポリネシア語のtatau、あるいはtatuとされる。

これらは、いうならば、「文化的」身体形質なのであり、「疑似的」あるいは「表現的」身体形質なのだ。これら広義の身体特徴のほうが、一人ひとりの帰属意識を維持し続けるために、あるいは向上させるために、より重要な仕組みとなる社会や民族は少なくない。帰属意識などというものは、たえまなく更新し続け、高揚させ、普及させなければ意味がない。そのためには、本人の意思ではどうにもならない遺伝的形質ではなく、「文化的」身体形質のほうが、大きな効果を発揮するわけだ。

生物学的身体形質が第一次的身体特徴ならば、さまざまに施された抜歯とか鯨面文身《げいめんぶんしん》（入れ墨の類）とかの身体加工や、頭蓋《とうがい》変形とか各種の身体変形などの文化的意匠は、いうならば第二次的身体特徴。また、衣装などによるものは装飾的身体形質であり、身ぶりや仕草などは表現的身体形質とも言えよう。これらは第三次的身体特徴と呼んでもよかろうか。

さらには、疾病に対する身体反応にも個人差があり集団差がある。いわば病理的身体形質である。これは生物学的であり、同時に、生活にも関係する「文化的」身体特徴でもある。別のカテゴリーを設ける必要があるかもしれない。そもそも体形や頭形なども成育期の生活と関係があるから、話がややこしい。

もちろん「人種」では、まさに第一次的身体特徴だけが問題となる。しかるに民族については、第二次的あるいは第三次的身体特徴だけが問題となるわけではない。外見で認識される第一次的身体特徴も、当然のこと、少しは問題となる。要するに民族もまた、「人種」と同様、実際には身体の問題にも関わるのだ。この点では、さほど両者に変わりはない。「人種」と民族の区別は、どこまで第一次的身体特徴にこだわるのか、その程度の違いでしかないとも言える。

結論を急ごう。ともかく、「人種」は人間のグループを区分する概念であるが、いわば西欧流の民俗分類を基にして発案された一つの概念装置にすぎない。つまり、西欧列強国による植民地体制を秩序づけるために構築された概念である。この「人種」概念と、より普遍的な民族概念とは明確に区別する必要がある。実体的に識別できる自然群は、むしろ民族なのであり、「人種」ではない。「人種」とは、あくまでも抽象的な分析概念なのである。あるいは、目くじらを立てる必要などない日常語としてある。だから、「人種」へのこだわりは捨てたほうがよいのだ。

コラム3　あるエッセイで見た人種意識

本稿を書いている頃、たまたま、次のような文字が躍るエッセイを、ある雑誌で目にした。これを引用するのが目的ではない。こんなのがある。ほんとうに無造作に「人種の特性」とか、「モンゴロイド」とかが使われている。その実例として示すだけである。他意はない。それに、あえて食いちぎるように抜粋するだけだから、雑誌名や著者名などは挙げない。あやしげな雑誌ではなく、あやしげな著者でもない、とだけ記しておく。あやしげでもない雑誌に、あやしげでもない人が、なにげなく書く。このことこそが、ことの本質だと思うのだ。なにが誤解を招きやすいか、どの言葉が変なのか、なにが問題なのか、などなど。それを読者に考えていただきたい。

遺伝学の原則においては、モンゴロイドよりもアフリカ系人種の特性が遺伝しやすくなる。運動生理学の専門家によれば、腰から内腿にかけて存在し、体幹の安定性を与える腸腰筋、その中でも特に、ももを上げるときに必要な大腰筋の強さは、アフリカ系人種のほうがモンゴロイドの二〜三倍強いと言われ……（以下略）

第5章　海をめぐる人間の歴史――ポリネシア人は「海の民」

1　海との遭遇

海を乗り越えてきた人間の歴史

人類にとっての海は、ともかく最初は、近くて遠き、大きくて獰猛《どうもう》な、近づきがたい景観だったであろう。人間の時代が近づくとともに、まず海のことを知り、そこに潜む資源をつつましく利用することから、人間と海との関わりの歴史が始まったようだ。海の発見である。やがて人間の時代となると、対岸に渡ることの延長で、向こう側の島や岸辺に渡海するようになっただろう。奇貨や新しい土地を見つけることが、インセンティブになったでもあろうから、どんどん海を渡るようになった。やがては、希望と想像の象徴のごとき島々をめざし、困難や苦労を伴う航海さえもいとわなくなった。

その最終的な帰結こそが南太平洋の島々の発見、植民、開拓である。この海洋世界へ進出を果たした道筋は、やがて来《きた》るべき人間の宇宙開発のそれとも似ているかもしれない。

ともかく、人間の海洋への進出は、ようやく人間の人間たる諸特性が完成されてきたがゆえに、それらにふさわしい可能性に向かって飛び出たことの結果であった。ホモ・サピエンスの知恵を傾けることで、海の気象・自然・生物など、海洋の諸条件を知りつくすことができるようになった。ホモ・ファベルのたまもの、海上移動装置、航海装置を発明・工夫・改良・革新することができた。ホモ・モビリタスたる行動力が増し、新たな土地をめざす冒険心と旅心とが育まれた。ホモ・ルーデンスたる遊び心が海への好奇心をふくらませ、ホモ・ロクエンスとなり、言葉によるコミュニケーションで高度な協同作業が可能となった。これらのいずれもが、海洋世界に進出するための必須条件となったのはまちがいない。

海の「考古学」

人間と海と考古学。まずは、この三つの連想ゲームから始めたい。

そもそも考古学と言えば、昔の人間が残した遺跡を発掘するイメージが強い。つまりは、発掘すなわち「大地を掘り返すこと」の結果、過去の人間の歴史に関する「なにかを発見すること」であろう。もちろん比喩的には、「有望な新人を発掘する」とか、「古文書を発掘する」などの言い方もあるが、あくまでも大地のたとえたる「暗闇」を掘り、「埋没」した人や物を見つけることに対する気の利いた表現である。そもそもは、発掘するのは陸地なのであり、したがってたとえば考古学などは、陸上での調査活動と考えるのが一般的だろう。

さらに言えば、昔の人間活動のなごりである遺構や遺物、つまりは埋蔵文化財を掘り起こす（あるいは、現場で保存する）のが、考古学の重要な研究活動だと考えられている。そうした遺物類の多くは地下に残るが、後のちの世まで遺残するのは、いささかなりともハードな物質に限られる。ソフトな物は残りにくい。植物体はほとんど残らないし、当然のこと、木造品も残りにくい。

人間の身体では、特殊なケースであるミイラ（防腐処理された遺体）、アイスマン（氷河などで見つかる冷凍ミイラ）、ボッグマン（アイルランドなどの湿原ミイラ）などをのぞくと、骨や歯の硬組織、足跡、それに手形や指紋（土器表面に）などが残るだけ。皮膚や筋肉や内臓、体毛や軟骨などの軟部組織は残らない。もちろんのこと、衣類や化粧物も残りにくい。ましてや、生身の人間の意識、思考や思想、生きかたや世界観のようなものなどは、文字などが残らない限りは普通、当の人間の死とともに消滅する。過去の人間の知識や行動やノウハウや思いなどを相手にするには、あまりにも考古学は非力といえよう。

海の考古学とはいうものの、海を発掘するわけではない。そんなことはできるものでもない。もちろん水中考古学のように、海中の沈没船を探り、海底考古学のように海底洞窟などを「発掘」する研究分野もあるにはあるが、ここでの内容は、それらとは異なる。

本来なら、陸上動物である人間には、たとえ海は近くにあったとしても、「近くにありて遠きもの」のたとえで、遠すぎる風景だったはずだ。それに、遠くに望む海は一見、平和的ではあるが、ときに激情的である。ともかく海は、最初は、移動をさまたげる障害であり、そこに近づくことなど、古代ギリシャ人が空を飛ぶのを夢見るのにも似て、まるで無意味だったはずだ。それなのに、いつのまにか、人間は海を自家薬籠中《じかやくろうちゅう》の物に変えてきた。

そんな人間と海との関わりを示す「遺物」を提示しつつ、人間の海上活動の歴史を「発掘」してみてみたい。

海洋世界の開拓

もとより地球は、その表面積の三分の二が海。なかでも太平洋は最大の海、その半分を占める。だから、「なぜ太平洋に乗り出したか」を語らずして、汎地球性分布をするに至る人間の拡散の物語を完結するわけにはいかない。ともかく、人間の地球開拓史のフィナーレを飾る特記すべきイベントだった。

地球上の陸地という陸地に拡《ひろ》がり、大地という大地に満ちあふれる存在となった人間にとって、海をめぐる歴史は、とるに足らないほど短い時間でしかない。なにしろ、海上世界を手の内におさめる道程はすみやか、電光石火のごとくであった。まるで、映画のフィルムを早まわしするように目まぐるしく進行した。

ところで海洋学で海は、太平洋や大西洋などの「大洋」（海洋）と、東シナ海や南シナ海のような「縁海」と、地中海などの「地中海」とに大別される。

いわゆる地中海（話が混線するが、固有名詞のほう）のことだが、実は、北極海、豪亜地中海（オーストラリア・アジア地中海――スンダ列島とニューギニアを結ぶ線とフィリピンやボルネオとの間の海）、アメリカ地中海（カリブ海とメキシコ湾）に続く四番目の広さの「地中海」でしかない。だから、紀元前千年紀の頃のフェニキア人やカルタゴ人は「海洋」に乗り出したのではない。文字通り「地中海」に乗りだしたのだ。

人間が海洋に乗り出したのは、それよりも前のこと、紀元前二千年紀にさかのぼる。アジア方面から豪亜地中海、さらにニア・オセアニア（近オセアニア）の縁海に拡がった人々が、リモート・オセアニア（遠オセアニア）の海洋の島々を発見・植民・開拓する航海を始めたときである（ニア・オセアニア、リモート・オセアニアについては、本章で後述）。

人類の六〇〇万年の歴史では、つい昨日か一昨日かのごとき新しい出来事でしかないが、陸上動物の常識を破る出来事だったのは、まちがいない。どんな人々が、どのような歴史の流れのなかで、どんな事情、理由、目的で、そんなイベントをなし遂げたのだろうか。

人間による太平洋の開拓史とともに、そこにいたる前史を概説してみたい。海洋世界への進出は、どのような背景のもとで、なぜゆえに可能となったのだろうか。人間の歴史の断面における「なぜの問題」を試考したい。もちろん文字が発明される以前のこと、当時の人々の生き方に関係する知識、思考、行動、思想、世界観のことなどを探るのは容易でない。先史考古学なども多分に非力である。だから古代史の問題では、どんな出来事であろうとも、いわゆる5W1H（いつ、どこで、誰が、何を、なぜ、どのように）のうち「なぜの問題」だけは、いつも、いちばんの難問となるのだ。

それでも古代の太平洋で展開された航海活動と、そこに散らばる島々の植民と開拓については、わずかに残る断片的事実をつないで作業仮説を作り、その確からしさを推し量る再現実験をくりかえすことで、おぼろげながら全容が描けるまでになった。人間が太平洋に進出できたのは、けっして偶然の産物などではなく、ある意味では、人間史における必然のなりゆきだったようだ。

人間、海と遭遇する

人間が海に接近し始めるのは、どれくらい前までさかのぼるのだろうか。そもそも、人間の目に海が映り、人間が片足なりとも海水につけるようになるのは、いつ頃の出来事なのか。さらに、生活活動の場として、積極的に海に関わるようになるのは、いつ頃からなのか。

実際に人間が海に接近するようになったのは、せいぜいのところ四〇万年ほど前のこと、人類史の双六《すごろく》ゲームがずいぶん進んでからのことだった。

フランスのニース近郊、かつて臨海していたテラ・アマタ遺跡である。ここでは前期旧石器時代の地層から住居跡のようなものが発掘され、たいした量ではないが、魚貝類の食べかすなどが発見されている。人間の生活が海辺のほとりでも始まったことを物語るのであろうか。ならば、ホモ・サピエンス以前にさかのぼる唯一の証拠である。

それに次ぐ古い証拠を提供するのが、南アフリカのクラシーズ河口遺跡であろう。海を見晴らす段丘の洞窟遺跡群にある堆積層から、約一〇万年前の人骨化石とともに、カラスガイやカサガイなどの貝殻化石、アザラシの化石骨などが見つかっている。すでに、海産動物が食料源となっていたばかりか、なにがしかの初歩的な漁撈《ぎょろう》活動を人間が営むようになっていたことを物語るようだ。
このように今から一〇万年ほど前の頃には、海は人間の視野の一部に入り、忌避する場所でなくなり、少しは興味をいだく対象となっていたようだ。それでも海はまだ、おそるおそる片手片足をつけるだけの荒場にすぎなかったかもしれない。まだ人間は、その姿が海辺の風物景観のなかにチラチラと見え隠れするだけ。そんな存在にすぎなかったはずだ。そんな推測ができる。
かくして、人間と海との関わりの歴史は、ようやく最初の頁《ページ》が開かれることになった。ヨーロッパなどには、まだネアンデルタール人がいた頃のことであり、日本列島などには、まだ人類の足跡さえなかった。

「水棲類人猿仮説」

まちがいなく人間は陸上の哺乳動物である。海棲《かいせい》哺乳類とのつながりは、いっさいない。さらに言えば、そもそもは樹上生活に適応した霊長類の一種で、もっとも海と遠いところにいるはずの存在であった。だから最初から、海が身近にあったわけではない。むしろ海は、そして河や湖は、ほかの陸上動物にとってと同様、人間の往く手を阻む越えがたい障害物だったのはまちがいない。

その一方で、そのことを逆手にとるような進化論がある。というよりも正確には、唱えられたことがあった。イギリス人のアリスター・ハーディ卿《きょう》が言い出した「水棲類人猿仮説」（Aquatic ape theory）だ。そもそもは海洋生物学者であったハーディ卿は、水棲の哺乳類と人間との間に共通点があることに特段の注目を向けた。いっぷう変わった生えかたをした寡《か》毛性《もうせい》の体毛と、全身を覆う皮下脂肪とは、人間の特殊性なのであるが、イルカやカバなど水棲動物のそれと同じではないか、というわけだ。

その仮説を援用、人類進化論の方面に展開したのが、イレーヌ・モーガン女史である。一九七二年に出版した『女の由来』（"The Descent of Women"）は、フェミニズムの視点をもつ異色の書であるが、またたくまにベストセラーとなり、日本でも大きな話題となった。ちなみに、この原書名は、チャールズ・ダーウィンが書いた有名な『人間の由来』（"Descent of Man"）を意識したものである。人間の進化に関する書であり、モーガン女史の意思に添うならば、邦訳は『人間の由来』となるべきであろうが、初版訳（二見書房、一九七二年）も、改訂版訳（どうぶつ社、一九九七年）も、なぜだかそうはせず、英語の直訳そのままに邦題としている。

もう一つちなみに。本書が世界で騒がれていた頃、フェミニズムが真っ盛り。英語の「MAN」を「人間」や「人類」の意味で用いることが、しだいに廃されていった。いまは「人間」は「HUMAN」か「PEOPLE」である。「MAN」は男にしか使われない。

この仮説によると、人間の祖先がまだ、人類と呼ばれる前か後の頃、すなわち類人猿とか猿人類とかと呼ぶべき存在だった頃のこと、水辺に住み、多くの時間を水中で過ごした。水中で立つとき、直立となり、さらに二足歩行するようになった。男女は丸裸で対面で交接し、言葉を交わし、道具を工夫し、大いに戯れた（水辺で）。それが人間の原型、それが人類の起源の姿だ、と主張する。

私自身も面白い仮説だと思っていた。実際、一時期、世界中で大いに話題をさらった。モーガン女史も続編のようなものをつぎつぎと書いたが、その仮説に対する現実感覚のようなものが、引き潮がひくように薄れていった。

ともかく実際には、人類の祖先が水辺で誕生したことを示す証拠は、いっさいない。逆に、人間と海との関わりが非常に新しい出来事である、とする論拠のほうが優勢。たしかに人間の赤ん坊は生まれながらに泳ぎがうまい。それは遠い祖先の記憶ではなく、母なる胎内にいたころに羊水に親しんだせいだろう。現在でも、心理学などの方面で応用せんとする風潮は盛んで、なぜだか知らないが、ロシアなどの病院では、出産したばかりの赤ん坊を水中につけて、心身の能力を開発しようという療法が実践されている、と聞く。

もちろん「証拠の欠如は欠如の証拠」ではないが、まるで証明のしようがない仮説である。はなから証明の可否を考えない「思いつき仮説」のことを「雨傘仮説（アンブレラ仮説）」と呼ぶ。いわゆるブレイン・ストーミングの類。思いつきや突飛なアイデアなどを思う存分、自由きままに出し合う儀式か遊びのようなものである。真正面から学問の対象とするには、いささか骨が折れる学説、あるいは臆説の類かもしれない。

そもそも、いまから一〇万年よりも前、つまりは現生人類（ホモ・サピエンス）の時代より前にさかのぼる人間の居住遺跡は、ほとんど発見されていない。ましてや、かつての海辺や大湖の岸辺で見つかった例は、とりわけ少ない。

人間、ついに海を渡る――ウォーレス線を越えて

さて、それでも海の世界はまだ、遠くにかすむだけ。人間にとっては、思いをめぐらすだけの外世界。せいぜい、おそるおそる片足を浸《つ》けるだけの自然でしかなかった。人間が、ある程度、海に身をゆだねるようになり、ある広がりの海を越境できるほどに慣れ親しむまで

には、さらに時間を要した。いまから五万年ほど前のこと、人間と海との関係が次のステップに移った。

その頃、人間の地球開拓史のうえで特筆すべき出来事があった。氷河期(海退期、寒冷期)と間氷期(海進期、温暖期)がくりかえした更新世の終わり頃、オーストラリアとニューギニアのまわりに浮上していたサフル大陸に、はじめて人間の足跡が刻まれたのだ。人間の歴史を画期する重要な出来事だった。

その頃の海退期には、およそ一〇〇メートル海面が下がり、海岸線が後退していた。そのためにサフル大陸だけでなく、その北西には、インドネシアからインドシナ半島に続くスンダ大陸も姿を現していた。しかし両大陸がつながることはなく、現在と同じように、ウォーレス多島海で隔てられていた。そこにある島々は、いまよりは隆起していたが、それでも島影が一〇〇キロ以上とぎれるところは少なくなかった。泳いで渡るにも、ジャンプするにも遠すぎる距離だった。

おそらく当時の冒険者たちは、次の島を視角のすみに置きながら島づたいに、丸木舟なり筏《いかだ》なり、あるいは樹皮製ボートなりで、この多島海を渡海しようとしたのだろう。ともかくサフル大陸に到達したのである。ならば、すでに「航海もどき」のようなことができる原始的な舟が発明されていたのはまちがいない。この「航海もどき」の行為を企てる者がいたからこそ、サフル大陸が人間のテリトリーに組みこまれたのである。

ちなみに、この人類史上で最初の「航海」を果たした者たちは、のちにオーストラリア先住民やニューギニア高地民と呼ばれることになる人々の祖先である。まさしく彼らは、人間の歴史に燦然《さんぜん》と輝く偉業をなし遂げたわけだ。なにしろ人間の埒《らち》さえ超えて、陸上の有胎盤哺乳類では最初にスンダ大陸からサフル大陸へとウォーレス線を越境したのだ。なんともスケールが大きい。海を克服する舟という文化装置を発明した人々としても祝福されよう。

かくして人間にとって、わずかな限られた広がりの海ならば、もはや乗り越えられない障《しょう》碍《がい》ではなくなった。海は、ただあるだけの自然、ただ眺めるだけの風景ではなくなったのだ。

2　ポリネシア人の大航海

「海の民」の誕生

やがて人間と海との関わりは、いまから一万年以上前に始まる完新世（地質学的現在）になると、いっそう深いものとなった。もっと積極的に海に関わり、海を生活の場に組みいれるグループが出現した。さらには海を中心にした生活活動さえくり広げるグループまでも出現した。人類の六〇〇万年の歴史を一年にたとえるなら、つい昨日か一昨日かのことでしかないが、したたかに海産資源を利用し、海に生活を依存する人々さえ出現したのである。人間という陸上動物の常識を破る「海の民」と呼べるような人々が、とうとう出現した。

自分たちの生活を海に依存する人々、すなわち「海の民」が生まれる温床となった候補地としては、二つほどの縁海地域が有力である。一つには太平洋西部の島々、ニューギニアの東に広がるビスマーク諸島やソロモン諸島の島々。一つには東アジアの海域部、日本列島などを含む東シナ海の沿岸域である。いずれも、その頃の海進現象の影響を強く受けた場所であるが、もちろん、この二つの地域の間には連続性などなく、それぞれの地域で独立に「海の民」が産声をあげたのはまちがいないだろう。

ビスマーク諸島のあたりで「海の民」が生まれた証拠となるのは、ニューアイルランド島のマテンクプクン洞窟遺跡などである。オーストラリアの考古学のグループが詳しく調査し、すでに更新世の終末期の頃（三～一万年前）から、ここらでは漁撈《ぎょろう》生活が浸透しつつあり、それに続く完新世になると、ことのほか魚貝類の遺物が多く出土することから、漁撈活動が生業《なりわい》の中心にさえなっていた様子がうかがえる。

東アジアの状況を鮮明に物語るのは、日本列島の縄文時代の遺跡である。たとえば横須賀市の夏島遺跡などでは、すでに一万年近く前の縄文時代早期の頃からカツオやマグロなどの大型回遊魚を食卓に供していた証拠が見つかる。そのすぐあとの縄文時代前期になると、西北九州などの各地でもサワラやサメなどを対象とした外洋漁撈活動が盛んとなっていたことを示す遺跡が多くなる。日本の南西諸島や台湾、さらに南中国の沿岸部などでも、すでに漁撈民的な性格をもつ「海の民」のグループが広く存在していたことがうかがえる。だが、いかんせん、まだ考古学の知見は乏しい。

東アジアやニューギニア東部の縁海で海産資源の恵みを発見した「海の民」たちは、どんどんと海にはまっていき、さらなる海の潜在価値を開発しようと試みたことは想像にかたくない。当然のこと、海上移動の手段も改良していったことだろう。しかしながら、木造の舟は遺物として残りにくいし、ましてや航海術やそのノウハウのごときソフトウェアは考古学の対象となりにくい。おそらくは両地域ともに、刳《く》り舟の類とか原始的なカヌーとか、そんなものが、最初期の頃には海上移動の手段になっていたのであろうか。

最古の「海洋航海民」、ラピタ人

こうして縁海すらも人間のテリトリーに加えられたわけだが、海洋とそこに散らばる島々は、いまだなお人間の手が届かない場所だった。そこにアクセスするには海洋航海するしか手だてがない。人間のグループによる最初の海洋航海は、いつ頃、いったいどこで、どのような人々によって始められたのだろうか。もちろん確たる物証などが残っているわけではないが、なにがしかの方法で推察する当てがないわけではない。

まったくの状況証拠でしかないのだが、人間の歴史ではじめて、なんらかの遠洋航海を実践したのは、かつて西太平洋の島々に分布していたラピタ人と呼ばれる人々であろう。

ラピタ人とは、オセアニアの先史民族である。人面模様などの装飾を表面に施したラピタ式土器を持っていたことで知られる。ラピタ式土器の名は、最初に発見されたニューカレドニア南部のラピタ遺跡にちなむ。その名前は、ただそれだけのこと、なにか特別の意味があるわけではない。たとえば、ガリバー旅行記のラピュタ（飛島――飛ぶ島のこと）などとも、いっさい関係ない。

ラピタ人が人間史の舞台に登場したのは、いまから三三〇〇年ほど前のこと。まずはニューギニア東北部の島々、ビスマーク諸島の海岸部や離島に出現した。それこそ忽然《こつぜん》と登場してきたのだ。おそらくは北西の方向に位置するインドネシア東部の島嶼《とうしょ》から拡散してきたのであろうが、ラピタ土器の年代で謎解きをする限り、「忽然と」と表現するほかない。

図14　ラピタ人の肖像
（左）ラピタ人女性の復原図（ニューカレドニア国立博物館の外の壁に描かれている）。ラピタ遺跡で出土した人骨から推測して描画したものらしい。（筆者撮影）
（中・右）ラピタ人女性（マナさん）の復顔像（国立民族博物館常設展示、筆者監修、（株）京都科学制作）：フィジーのラピタ遺跡から出土した人骨をもとに復元したもの。

彼らは、そこらの島々に出現したあと、どうなったのだろうか。その手がかりとなるのが、ラピタ土器の分布である。非常に短期間のうちに、おそらくは三〇〇年かそこらの間に、ソロモン諸島から南東のバヌアツやニューカレドニアの方面に広がり、さらには大海原を越えて、さらに東のフィジー諸島やトンガやサモアの島々に進出した。

ビスマーク諸島からサモア諸島までは、東西に四〇〇〇キロ以上の距離がある。しかもソロモン諸島の東側の太平洋は、リモート・オセアニアとも呼ばれ、広大な海洋が広がり、ポツポツと島々が点在するだけ。正真正銘の海洋世界である。この海洋世界を発見・植民・開拓していったことこそが、最古の「海洋航海民」の称号をラピタ人に与える十分な理由となりうる。もはや、ありきたりの小舟などで行き来できるような舞台ではないのだ。カヌーならば、小型のものでも、現在なおミクロネシアに残る帆走用のシングル・アウトリガー・カヌーくらいのものでなければ、とうてい間に合わない海洋世界なのだ。

なお、リモート・オセアニアとは、ラピタ人と、その子孫たるポリネシア人などが開拓するまでは無人の地であった、洋上性の島々が散らばる南太平洋中枢部のことである。遠オセアニアとも呼ばれる。それに対して、ニューギニア周辺の大型の島を含む地域は、ニア・オセアニア（近オセアニア）と呼ばれる。ニア・オセアニアとリモート・オセアニアの区分は、南太平洋の島々での人間史をわかりやすく記述するために考案されたものである。考古学や歴史学の文脈では、最近では、ポリネシアとメラネシアとミクロネシアの区分ではなく、こちらのほうがよく使われている。

考古学関係の研究成果を総合すると、南へ東へと新たなる島々を発見し、つぎつぎとそれらを開拓していった様子がうかがえる。たいへん周到な植民戦略のもと、リモート・オセアニアの島々に定着していったのである。豚、犬、鶏の家畜を引き連れて、タロイモ、ヤムイモ、バナナ、ココヤシ、パンノキなどの根茎作物や果樹植物を携えて、島々に広がっていったのである。さらには、石器や土器や木器、真珠貝の貝殻や黒曜石などの石材などを広く交

図15　復元された古代ポリネシアのカヌー
先史ポリネシアの双胴カヌー（VAKAと呼ぶ）。まるで「海のラクダ」のようなものであったろう。（マーケサス諸島にて、筆者撮影）

易していた事実も確認されている。基本的には、園芸耕作、漁撈、交易などで暮らしを立てていたと考えられている。

こうしたことを考えれば、すでにラピタ人が「船」（舟ではない）と呼べるまでの代物を発明し、それを実用化するとともに、高度な航海スキルを工夫していたのは疑う余地もない。ただ残念ながら、彼らが航海手段としていた船については、その小さなかけらさえも発見されていない。しかしフィジーの西側には、もっとも近いバヌアツ諸島からでも七〇〇キロ以上の無島海域が広がり、それなりの海洋航海能力を備えた「船」なしに、フィジーやトンガやサモアなどの西ポリネシアの島々に進出できたとは考えられない。くりかえすが、いまから三〇〇〇年以上前にさかのぼるラピタ人こそが、世界で最古の遠洋航海民と呼ばれるにふさわしい人々だったのだ。

ラピタ人は「幻の民族」でもある。彼らの実像はもちろんのこと、出自についても、系譜についても、その後の行方についても、非常に確とした物言いはつつしまねばなるまい。ことに、どこから彼らが来たのか、そもそも、どこで生まれたのかについては、いくつかの仮説が提唱されてはいるものの、まだ確かなことは言えない。はたして、かつて「海の民」の温床となったビスマーク諸島などで自生するように育まれたのか。あるいは、はるか東シナ海の地域から南下した海民グループの流れをくむのか。わずかに残されたラピタ人の骨格を調べる限り、そのミトコンドリアDNA型を比較する限り、さらには比較言語学の知見に照らすと、後者の可能性のほうが高い。

海のモンゴロイドたち

少しばかり歴史的かつ時代的な比較をしてみよう。ラピタ人が海洋航海をくりかえしてリモート・オセアニアの島々を発見・植民・開拓していったのは、いまから三三〇〇年から二八〇〇年ほど前の頃のことだ。かのフェニキア人たちが地中海世界を舞台に植民都市を建設するなどの活動が、ようやく始まろうとする頃か、それよりも一〇〇〇年近く早い。それに南太平洋と地中海とでは、まるで海洋世界としてのスケールが異なる。また、フェニキア人が使ったとされるレバノン杉の船と、ラピタ人の高速カヌーとを比較しても、遠洋航海能力ということではラピタ人のほうに軍配を上げざるをえない。

おそらく東アジアの海域部でも、なんらかの航海活動が始まっていたはずだ。たとえば日本列島である。伊豆諸島では縄文人が、およそ八〇〇〇年もの昔から、八丈島へ豚を連れて行き来したこと、神津島《こうづ》に原産する黒曜石を運び出していたことを物語る考古学の証拠がある。さらに縄文人が奄美《あまみ》諸島などに行き来したり、日本海沿岸域で交易活動をしたりしていたことを示す状況証拠も少なくない。当然のこと、すでに「舟」ではなく「船」と呼べるようなものが、海を渡る手段としてあったのだろう、と考えるのは無理筋ではあるまい。

ラピタ人に話を戻す。ともかく彼らが、すでに大航海と呼べるような遠洋航海をくりひろげていたのは、疑うべくもない。だからこそ、まだ人間の処女地であったリモート・オセアニアの海洋世界に散らばる島々に進出できたわけだ。西ポリネシアのトンガやサモアを開拓したラピタ人は、そこらの島嶼環境に適応して、ポリネシア人に変容した。ないものづくしの特殊な生活条件のなかで、生活や社会の仕組みだけでなく、人々みずからの身体でも、さまざまな適応現象が生じた。その結果、ポリネシア人という人類史上で類をみないほどに特異で卓抜な海洋民族が生まれたのだろう。

彼らが自前でもちこんだ文化装置のうち、いっそうの改良がなされたのが「船」、すなわちカヌーだったようだ。のちのポリネシア人の大航海時代を象徴するカタマラン（双胴）型の大型カヌーは、フィジーとトンガとサモアが集まる西ポリネシアの三角地帯で発明された可能性が高い。のちにフィジーでは「ドルア」、トンガでは「カリア」と呼ばれる、大きなポリネシア型双胴カヌーの原型は、その頃に考案されたのではあるまいか。

どうもラピタ人は、とりわけ変幻自在、融通性の高い人々だったようだ。あるいは、たがいに隔絶された島々の多様な生活環境がそうさせたのかもしれない。メラネシアの島々に住み着いたグループも、ポリネシアの方面に広がったグループも、彼らは心身ともに大いに変容した。ニューギニア周辺の島々では、一万年もそこらも前から住む旧サフル世界の末裔《まつえい》たちと混合、ユニークな生活スタイルを特徴とする多くの部族に分かれた。さらに、これらの地域からミクロネシアの島々にも拡散していった。

ラピタ人をルーツとするリモート・オセアニアの人々は、アジアの大陸世界から広く環太平洋に拡散したアジア系（あるいは、モンゴロイド系）の人々のなかでは唯一、海洋世界に定着を果たしたグループなのである。だから、「海のモンゴロイド」と呼ぶのがふさわしい。

ポリネシア人の大航海時代

「海のモンゴロイド」を代表するのがポリネシア人である。

彼らの祖先たちは、まだ石器時代の物質文化しかもたないのに、大型カヌーをあやつる遠洋航海に長《た》け、南太平洋の島々を自在に行き来する大航海時代を展開した。ついには、ポリネシア海洋世界の三頂点に位置するハワイイ（ハワイ）諸島、イースター島（ラパヌイ）、ニュージーランド（アオテアロア）を発見、植民、開拓した。きわめつきは、遠く南北のアメリカ大陸にまで太平洋を横断する遠征航海を果たしたらしいことだ。そうした先史時代の冒険者たちの末裔に連なる人々なのである。

彼らの祖先である先史ポリネシア人こそ、人間に残された最後の秘境となった海に対して、人類史上で、もっとも深いつながりを育んだ人々であった。陸上動物たる人間には、本来、生活の場となるはずがない海洋世界のことを知りつくし、そこに心身ともに適応した人々なのである。いかにも「海人」と呼ぶにふさわしいのは、彼らをおいてほかにない。

南太平洋を舞台とした先史ポリネシア人の大航海時代は、北大西洋での北欧のバイキングのそれに先だつこと一〇〇〇年以上も前。船の能力も航海技術も、そもそもは航海の規模も、それとは比較にならない。そしてコロンブスやマゼランたちに始まる西欧人の大航海時代のはるか昔。なのに、こと南太平洋だけで申せば、その規模にひけをとらない。そうした歴史の遠近感もさることながら、金属器をもたず石器だけで巨大カヌーを造り、まだ文字もなく、空の星座と「頭のなかの海図」を頼りに自在にカヌーを操ったことが、なによりもすごい。まさに「石器時代のバイキング」なのであった。

考古学の証拠や、伝承や古謡などを下敷きにして、先史ポリネシア人の華やかなりし航海活動の一端を描写してみよう。

図16　ポリネシア式石斧
ついこの前まで、ポリネシア人の島嶼社会は、まだ石器時代のさなかにあった。この種の石手斧（ポリネシア式アッズ）は万能工作具であった。こうした石器で大型の航海用カヌーを製作した。（クック諸島にて、大島直行氏撮影）

ラピタ人から生まれた先史ポリネシア人が、ラピタ人にも増して活発な航海を始めるのは、今から二〇〇〇年ほども前のことである。まずは、東から西に吹く南太平洋の貿易風に逆らい、太平洋プレートの西の境をなす安山岩線を越え、マーケサス諸島やタヒチ島周辺の東ポリネシアの島々に拡散した。そのあとの紀元一〇〇〇年頃にはすでに、北のハワイイ諸島、東のイースター島、さらには西のニュージーランドに定着を果たしていた。その間、ポリネシアの三角圏に散らばる島々のすべて、鳥も通わぬようなミステリー・アイランズと呼ばれる絶海の孤島などにも住み着いた。

さらには、太平洋の横断航海にも成功して、南北アメリカ大陸にも到達したのち、ふたたび故郷の島に帰った強者どももいたようだ。ポリネシアの島々で見るサツマイモなどの南米原産の栽培植物、あるいは南米の海岸遺跡で見つかる鶏骨やパツと呼ばれるポリネシア独特の石器がこのことを物語る。

先史ポリネシア人のカヌー

先史ポリネシア人は、ポリネシア式カヌーとも呼ばれる大型の双胴カヌー（ダブル・カヌー）を航海手段としていたようだ。南太平洋に出没し始めた頃の西欧人の探検航海者たちが残したログブック（航海日誌）にも記されている。そもそもは、ラピタ人たちが使っていたシングル・アウトリガー・カヌー（片側に小型カヌー、反対側にフロート〈浮材〉をつなぐタイプ）が大型化して発展したのだろう。

このタイプのカヌーが、南太平洋で遠洋航海するときの主役となったのだ。カヌーといっても、カヌーがもつイメージとはほど遠い。その復元カヌーを、たびたび見てきたが、まさに英語のことわざ「プリンは食ってみないとわからない（The proof of the pudding is in the eating）」（論より証拠）。実物を眼と手で確かめ、乗って帆走してみてこそ、そのスケールの大きさが実感できる。

全長が一〇～三〇メートルの二つの巨大なカヌーが本体をなす。それらを平行につなぎ合わせて、板をはり渡し、その上にココヤシの葉を葺《ふ》いた小屋を作り、さらに十数メートルの帆柱を立てる。両サイドのカヌー部分は船室や倉庫だ。人間だけなら一〇〇人を超える人員が乗船できようが、もちろん人間が乗るだけでは航海できないから、航海人数は一〇人あまり。倉庫にカーゴ（積み荷）として、大量のココヤシの実（飲料と食料）、サツマイモなどの根菜植物、パンノキの実などの果物、あれやこれやの食料。豚や犬や鶏などの家畜。ともかく一カ月を超える航海や、見知らぬ島を植民するために必要な一切合切を積みこんで、はるかなる航海の旅に乗り出したに違いない。

どのような航海戦略が立てられたか。どのような航海であったのか、難儀なものであったか、あるいは案外、快適なものであったか。大胆な推測に頼るほかないが、現代の大型のヨットによる航海と、そう変わらなかったのではあるまいか。

その頃のカヌーについては、いささかの考古学的資料が残る。たとえば、ソサエティ諸島のフアヒネ島にある水没遺跡で、一九七九年に、ビショップ博物館の篠遠《しのとお》喜彦博士らが発見した約一〇〇〇年前の双胴カヌーの残骸である。それに民族学的資料も少なくない。一八世紀の頃にポリネシアの島々を巡航する探検航海に参加した西欧人の画家たちが描いたカヌーの絵である。それらをもとに、その頃の航海用カヌー像が復元できる。

なぜポリネシアの島々に乗り出したか

ポリネシア人の祖先たちが大航海に励み、彼らの末裔たちが南太平洋の島々で独特の社会を築いたのは、とりたてて不思議なことでも、謎めいたことでもない。ましてや奇跡のようなことでもない。必然のなりゆきだろう。そうなる条件は、みなそろっていた。彼らは強大な双胴カヌーを保有していた。遠洋航海のスキルやノウハウに習熟していた。だから「この先があるなら進んでやろう」との、人間の好奇心、物見高さ、行動力などのありかたからして、航海に出ないことのほうが、むしろ不思議だったということなのだ。

しかしながら、いっさいの航海記録など残っていないから、先史ポリネシア人たちをして、島々を発見する航海、植民する航海、そして開拓する航海に駆りたてた理由や動機などを推量するのは容易でない。おそらく、彼らの航海術や航海戦略は、なんの変哲もなく、神がかりなものでもなかった。渡り鳥に空の道を教えられ、星と星座、月と太陽の運行を目印として、季節風や海流、さまざまな気候条件や気象条件を抜け目なく利用しただけのことであろう。その奥義はまさに、海洋世界のことを知りつくし、そこに完璧なまでに適応することで育まれてきたのであろう。

図17　ポリネシアのおじさん
みたことがあるような顔立ちではあるまいか。この石器を手にしたおじさんは、いかにも東アジアなどで見かけそうな顔立ちである。でも実は、身長が180センチほどもある昔ながらのポリネシア人である。（クック諸島にて、筆者撮影）

水平線の向こうを知りたいと思う人間の欲望、新しい土地や珍しい物を求める現実的欲望、それに加えての冒険心。これらに促されるようにして、先史ポリネシア人たちは発見航海に乗り出したのだろう。だから、やみくもに猪突猛進したわ

図18　先史時代の遠洋航海者たちが描いた岩絵
ポリネシアの島々には、先史時代に刻まれた岩絵（ペトログリフ）が多く残る。はたして、石器時代の遠洋航海者たちが描いたのだろうか。（マーケサス諸島にて、筆者撮影）

けではないだろう。それまでに、ラピタ人の頃までに縁海を航海した経験に裏うちされた知識と知恵、その都度、インセンティブがかなえられた記憶もまた、さらに先の航海に向かう原動力となっただろう。

たしかに島々の植物資源などは期待できなかったから、果樹や根菜類はカヌーに積みこみ自前で持ちこんだ。だが大きな高い島々は、なによりも希求してやまない美しい羽毛をもつ鳥類の宝庫であり、めずらしい岩石が豊富であった。また環礁島（アトール）などの低い島々には、生活の手段として珍重する真珠貝やシャコ貝だけでなく、貴重な亀類がたくさんいた。当然のこと、いささかは危険や冒険を伴う航海であっただろうが、それに見あう以上のものが期待できたということだ。

かつて先史ポリネシア人の大航海時代は、たしかにあった。それを示す物的証拠はほとんど残ってないが、それを雄弁に物語る生き証人たちが現実に存在する。現在のポリネシア人たちなのである。彼らの生きかたそのものに、彼らのメンタリティのなかに、彼らの風貌のうえに、彼らが育てあげた「南太平洋の楽園」の風景のなかに、そして、なによりも彼らの身体の特異性にこそ、遠い昔の祖先の歴史の一こま一こまが刻みこまれている。彼らの大柄で筋骨隆々たるヘラクレス体型、彼らの「ずんぐりむっくり」の寒冷適応型の体形、彼らの太りやすい体質はいずれも、彼ら自身が大航海に励むなかで培ってきたものだろう。

一九世紀末の西欧社会から逃れた画家のゴーギャンらが憧れ、現代の旅行者たちを惹《ひ》きつけてやまない原色に彩られたポリネシアの島々の「楽園イメージ」。これは実は、人工の産物である。先史ポリネシア人たちが不毛な島々を開拓し、長年かけて育てあげてきた歴史の遺産なのである。往古の昔、彼らが血道をあげた遠洋航海活動だが、その全貌を解き明かすには、「発掘」すべきことが、まだまだ多く残されているようだ。

第6章　ポリネシア人とラグビー——人間の身体適応の歴史

1　ポリネシア人のためのスポーツ、ラグビー

人間とは、スポーツに励む動物

いうまでもなく、どんなスポーツも、人間ならではの身体活動である。人間以外にスポーツに精励する動物はいない。たとえ馬でも、自分から好きこのんで、競走に励み、競技に精を出すわけではない。オリンピックに参加するとはいっても、あくまでも人間が主役、馬たちは付きあわされるだけ。

ここではラグビーを取りあげたい。もちろん、ラグビーに精通しているからではない。たびたび登場したポリネシア人について、別の面から紹介してみたいのと、「人間とはなにか」について、あるいは、いわゆる「人種」または民族グループについて、いまいちど考えてみたいからである。

ラグビーは観て楽しむスポーツの華。パワーとスピード、メンタリティと小気味よさ、意

外性と展開のはなばなしさが奏でるスポーツの醍醐味《だいごみ》と面白さが濃縮されている。どちらかといえば、おおらかで上品で間伸び感の強いイギリス文化だが、これほどまでのスポーツを発明したことに、ありがたさを禁じえない。レフェリーが審判ではなく、コンダクター（楽団の指揮者）のようで、細かい規則に拘泥《こうでい》しないのもおおらかでよい。

それ以上に、このスポーツを南太平洋のポリネシア人に伝え、その人々の生活と文化に定着させた大英帝国の功績は、はかりしれないほどに大きい。まことポリネシア人は、ラグビーというスポーツの申し子のような存在であり、ラグビーを自らのアイデンティティとするがごとき人々なのである。だから彼らにとって、ラグビーは魂のスポーツなのである。

ところでスポーツというもの、わが日常では、暇つぶしに見るテレビの画面での出来事でしかない。ときおり、気分転換にのぞき見る催し物のようなもの。ときに観戦、まれに感激、おおむね傍観、あるいは娯楽か気晴らしかというところだ。「人生とは暇つぶしである」と喝破した某哲人の金言にならうなら、人生の「おやつ」か「おまけもの」か。はたまた、いつまでもボンヤリと廻り続ける時計の針のようなものか。

それでも、いちばん血わき肉おどる思いがするのは、ラグビーと競馬と馬場馬術、ついでサッカーとマラソン。ほとんど脈絡がない組み合わせである。競馬は立派なスポーツだろう。

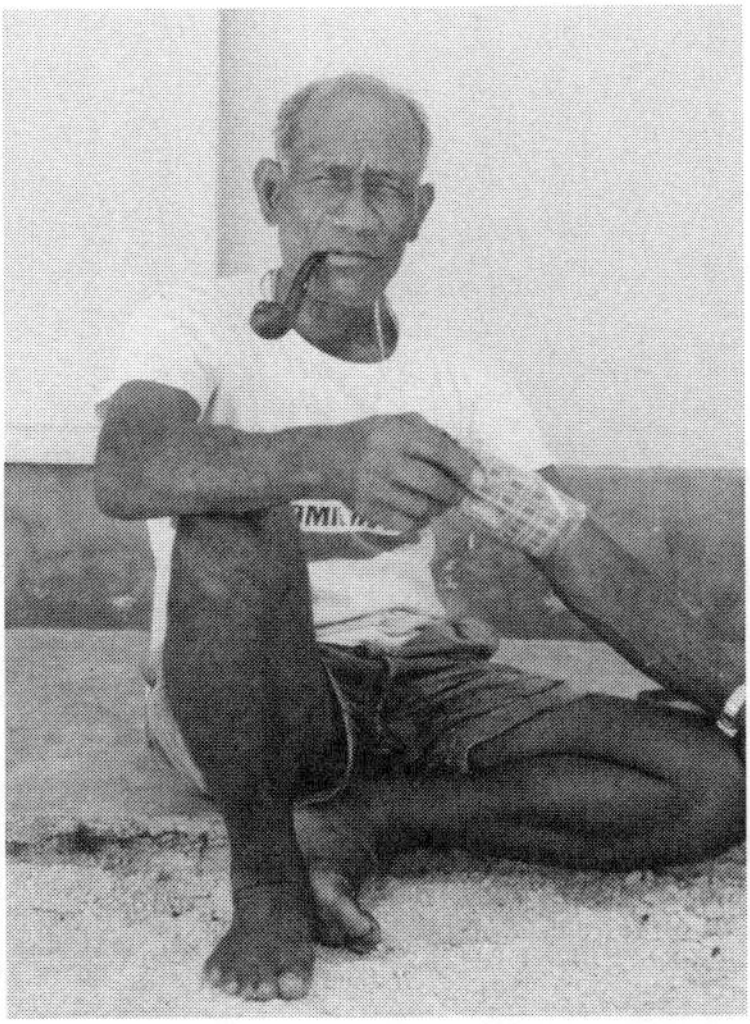

図19　ポリネシア人、たくましき人々
これまでに会ったポリネシアの人たちのなかで、もっとも印象に残るのが、この写真のおじさん。身長185センチほど、まるでイースター島のモアイ像を彷彿とさせる顔立ちは、えもいわれぬ風情が漂っていた。（ツアモツ諸島レアオ島にて、筆者撮影）

なによりも馬の疾走力と騎手の騎乗力。豪快に疾走をするサラブレッドの記録性と記憶性がたまらない。さらに競馬を楽しむときに培われるギャンブル力は、人生の岐路、人間関係、行動選択などのときに発揮できるから、このスポーツの効用もまんざらではない。

その昔、ニュージーランドにいたとき、ときどきテレビや現場で見たのが、クリケットという野球の元祖筋に当たるスポーツ。なにがなんだかさっぱりだったが、雰囲気がよかった。いつもテレビ観戦している居候先の主人にルールを聞いても、さっぱり要領をえない。彼も多くの人たちと同様、テレビ解説者の話が面白いから観戦するのだ、とのこと。このイギリス系スポーツの王様は、ほんとうに不思議なスポーツだ、と思った。

スポーツと身体性のマッチング

人間には、たくさんのグループ（いわゆる「人種」または民族）がある。それぞれは独自の身体特徴、あるいは文化特徴をもつ。歴史的背景を異にする。身体の表現や活動において、それぞれに得手不得手《えてふえて》もあるようだ。ならば、あるグループが、なにかのスポーツにすぐれた適性をもつ、そんな現象はあるだろうか。

あるとしたら、それはなにに起因するのか。身体的要因によるものか。文化的要因によるものなのか。それとも、伝統のような歴史的要因がからむのか。あるいは、スポーツと身体性との関係は「いわく言い難し」なのか。

そんなことに興味をもちつつスポーツ観戦をするのが、わが流儀。どのような体形の人がどんなスポーツに向いているのか。特定のスポーツへの特性のようなものから、民族性のようなものとか、国民性のようなものを汲《く》み取れまいか。そんな関心を抱くのが、いつの頃からか、スポーツをみるときの習い性のようになっている自分に気づく。

よく人口に膾炙《かいしゃ》するのが、アフリカ系の人たちと陸上のスプリント競技。あるいは、同じくアフリカ系の高地出身者の人たちとマラソンなどの長距離系の陸上競技。身体的適性によるのではないか、と話題になる。こうした現象は、たしかに存在するようだ。これらの陸上競技では、世界トップクラスのアスリートたちは、どの国の選手であろうと、たいがいはアフリカ系であるのは、統計的に調べるまでもあるまい。

ほかに順不同、相撲とモンゴル人やポリネシア人、体操などとロシア人、柔道と日本人、馬場馬術と西ヨーロッパ系の人たち、ラグビーとポリネシア人、ホッケーとインド人、卓球と中国人などの例が思い浮かぶ。たいていの場合、歴史性とか伝統とか、選手層の厚さ、関心の深さ、結びつきの長さ、思い入れの強さなどで、なんとなく説明できそうだ。ただ、そう簡単に説明できそうにないのが、アフリカ系の人々と陸上の走力競技との関係、ラグビーとポリネシア人との親和性である。

ならばなぜゆえに、アフリカ系の人たちは陸上競技の短距離走や長距離走が得意なのか。おそらくは文化的な理由だけではあるまい。また、歴史的な理由から説明するのも容易ではないだろう。

なぜならば、世界人口に占めるアフリカ系の人々の割合は五分の一にも満たない。それに、こと陸上の短距離走は、あらゆるスポーツのなかでも世界的に特にポピュラーである。トップ・アスリートとなるチャンスにおいて、民族差や国民差のようなものがあるとは思えない。それに歴史的な観点から申せば、ヨーロッパ系の人々のほうが、はるかに陸上競技とのつきあいが長いだろうから、より強い親和性を示してもよさそうなものなのだが。

この問題について、人類学的観点から身体性をキイワードにして、なんらかのかたちで説明できまいか。つまりは、それぞれの民族グループの間に、ある種の身体適性の違い、運動能力の違いを想定することで説明できまいか。

アフリカ系の人々は概して下半身が長く大きく脚長である。あるいは、大腿や下腿の筋肉のうち、陸上のスプリント競技に関係する筋力に長けているのではあるまいか。それに関連して、瞬発的な力、あるいは持続的な力を発揮する身体能力に長じているのではあるまいか。そんな疑問から発想して、ポリネシア人とラグビーの関係を考えてみたい。

ポリネシア人とラグビー・ワールドカップ

そうした親和現象は、ポリネシア人とラグビーとの関係でも指摘できそうだ。久しく彼らを対象にして、人類学の研究にいそしんできたわが体験を振りかえると、すぐさま、ラグビーのことが連想ゲームのように思い浮かぶ。

図20　孤島の冬景色、ラグビーのある風景
ポリネシア三角圏の中央部の西よりに、南北に広く連なるクック諸島国。そこの冬場の風物詩。そうとうに荒れたグラウンドでは、実際、ケガ人が続出する。この小さな島では、フッカー・タイプの身体形をした選手が多いことに驚いたものだ。（筆者撮影）

二〇一五年のラグビーのワールドカップ（W杯）、日本が南アフリカ共和国に競《せ》り勝ったとき、奇跡を見た思いがした。マフィ選手（トンガ生れのポリネシア人）とリーチマイケル選手（フィジー系）の活躍が忘れられない。ともかく、ラグビーW杯が近づくと、ポリネシア系の選手の存在がやたらと目立つ。いくつもの国の代表のなかに、ポリネシア系とおぼしき懐かしい面影の選手が混じる。基本的にはフォワード陣に多いが、注目のプレイヤーが多いから、よけいに目立つ。

ある意味、ラグビーは鷹揚《おうよう》なスポーツである。サッカーと違い国籍に対するこだわりが希薄である。オリンピック競技全般に感じられるような偏狭さがない。大英帝国がラグビーの母国であることと関係するのだろうが、よく言えば、おおらか、こせこせしない。悪く言えば、過去の植民地主義の残照のようだ。

いずれにせよ、個々の選手が、どの国の代表となるかを選択できるのは、悪いことではない。ガチガチのナショナリズムに拘泥《こうでい》するあまり、目を血走らせるよりは、よほどましではなかろうか。たとえば日本代表。たとえ他国籍でも、日本で生まれたり、三年以上とか日本に滞在していたり、他国とのダブルブッキングがなければ、代表メンバーになれる。「日本人の血」などと馬鹿なことは言わない。日本人とはなにか。国際人とはなにか。大げさに言えば、人間とはなにか。そんなことを考えさせてくれる愛すべきスポーツである。

もちろんのこと、サモアやトンガ、あるいはフィジーなどの代表選手は、そのほとんどがポリネシア系選手で占められる。なぜならば、ポリネシアにある国々だから、ポリネシア系の国民が多数を占める。だいたいのところ先住民系の国民の割合は、トンガ王国で九七%程度、サモア国で九五%以上、フィジー共和国では四〇%を超える。それにくわえて、国境感覚がゆるいラグビーのこと、近くの国に移住している国民も代表に選ばれる。たとえばオーストラリアで生まれ育ち、トンガに住んだことがないトンガの選手も少なくない。

だからトンガやサモアの代表が、ほぼポリネシア人選手ばかりなのは、よく理解できよう。

ちなみにフィジー国民に占めるポリネシア系の先住フィジー人の割合は、イギリスの植民地経営により連れて来られたインド人労働者の末裔であるインド系フィジー人よりも少なめだが、ことラグビーの代表選手は先住フィジー人だけで占められることが多い。インド系フィジー人のラグビー選手が少ない理由はなぜか。あとでふたたび触れることにしよう。

ニュージーランドはポリネシア

実のところ、これらの国以外の代表にもポリネシア系選手は少なくない。しかも中心的な役割をになない、目立つほどに有力な選手が多い。たとえばニュージーランド（ＮＺ）代表のオールブラックス、オーストラリア（ＡＵ）代表のワラビーズ、そして日本の代表チーム（チェリーブロッサムズ）などである。おそらくは、オールブラックスでは半数以上、そしてワラビーズや日本代表にも常時、三〜五人程度のポリネシア系選手が混在していようか。もちろん混血化が進む今日、「彼もそうなの」程度にしか見わけがつかない選手も多い。

ニュージーランドはポリネシアに位置する国だから、このことは不思議でもなんでもない。正式国名はニュージランドと「アオテアロア」（ポリネシア語で〈白い大きな雲〉）を併記。でも、現在のＮＺの人口は四五〇万人強、そのうち先住ポリネシア人であるマオリの人たちは一五％弱（自己申告制）しかいない。さらに近年に南太平洋の島嶼《とうしょ》国から移住してきた人たち（その多くはポリネシア人で「太平洋島嶼国系」と呼ばれる）がいる。全人口の七％程度だろうか。おそらくNZにおけるポリネシア系の人口比は、全体の二〇％に満たない。ところがオールブラックスでは、ポリネシア系選手は優に過半数を占めるほどの割合となる。

実はオールブラックスのポリネシア人選手は、かならずしもNZで生まれ育ったわけではない。NZのポリネシア人（マオリ）だけではない。島嶼国系のポリネシア人も少なくない。その多くはNZに在住するが、少なからずは出身島嶼国の国民だから、いわゆる「助太刀《すけだち》」選手とかわりない。そうした選手たちは、世界最高水準にあるNZのラグビー環境で育ったヨーロッパ系の選手を押しのける力量を備えている。ポリネシア人がラグビーというスポーツに適性を備えていることの証左になろう。

ワラビーズの一員となったポリネシア人選手にも同じことが言える。島嶼国からAUに移住するポリネシア人は少なくないが、その比重はNZよりはるかに小さい。つまり、ワラビーズのポリネシア系選手たちは、日本代表で活躍するポリネシア系選手たちと同様、その多くは「助太刀」選手なのであり、卓抜なラグビー力を有するがゆえに選ばれるわけだ。

ポリネシア人の世界人口とラグビー人口

なぜラグビーでは、ヨーロッパ系やアフリカ系や中国系ではなく、ポリネシア系の選手がありがたがられるのか。ポリネシア人の人口が全世界で二〇〇万人ほどでしかないこと、世界人口の約三六〇〇分の一でしかないことを考えれば、驚き以外のなにものでもないだろう。このとてつもない小さい分母で、とてつもない大選手が輩出することからも、ポリネシア人のラグビー適性がクローズアップされよう、というもの。

ごく大雑把な推算をする。地球の全表面積の六分の一ほどを占めるポリネシアは大海洋世界である。だが海ばかりではない。多くの諸島や群島（いまでは国や地域、欧米諸国の海外県や海外州）があるが、二〇〇年ばかり前の全ポリネシア人の推定人口は五〇万人を超えるほどでしかなかった。それぞれの諸島や群島で事情は異なるが、おおむね、その頃の三倍から五倍程度に人口が増えた。このことから、世界中に二〇〇万人ほどのポリネシア人しかいない計算となる。現在の世界人口は七三億人だそうだから、その約四〇〇〇分の一を上回る程度となるわけだ。

このように数のうえでは、ポリネシア人は超ミクロの民族グループにすぎない。それなのにラグビーのＷ杯では、全出場選手の一割ほどを占めようかというのだから、その占有率たるや、ただごとではない。彼らの存在が目立つわけだ。

しかも実際には、ポリネシアの国々や島々ならどこでも、ラグビーに熱狂的なのか、ラグビーのために生まれたような身体の人たちがゴロゴロしているのか、というと、実はそうでもない。ラグビー不毛の島々が少なくない。たとえば、旧フランス圏のタヒチやマーケサス諸島など（フランス本国はラグビーが強いが、これらの島々では別の話）、アメリカ合衆国のハワイイ諸島、チリのイースター島などである。大略、現在のポリネシア人の半分以上が、ラグビーの「ラ」の字も聞こえてこない、それらの島々に住む。

そんなわけで、まさにラグビーこそは、ポリネシア人と呼ばれる人々のためにあるようなスポーツだと申してよい。それでは、なぜゆえに彼らはラグビーに強い親和性をしめすようになったのだろうか。その理由をたぐり寄せていきたい。

2　ポリネシア人の身体の歴史

ポリネシア人とは

ポリネシアについてのおさらいである。

地球儀を取り出してみよう。赤道の南側と日付変更線の東側とを正面におき、そこに目を向けてみよう（第2章、五三頁を参照のこと）。およそ、海ばかりのようにしか見えない。これが南太平洋である。北にハワイイ諸島（なぜだか日本語はハワイと表記する）、東にイースター島（またの名をラパヌイ）、西にニュージーランド（アオテアロア）を探そう。これら三つの島々を結ぶと、大きな三角形ができる。この三角形の内側を「ポリネシアの三角圏」、あるいは便宜的にポリネシアと呼ぶ。

その地球儀で一目瞭然だが、まことポリネシアの一帯は、ほとんど海ばかり。しかも巨大な海の広がり、大海洋である。でも、よくよく目を凝らして見ると、そこには膨大な数の島々が散らばっている。その数、一説に八〇〇〇ばかり（実際には、数えるにあたわず）。たいていは小さな島ばかり、それらは諸島や群島をなす。

ポリネシアの名前は、メラネシアやミクロネシアと並べられて、よく耳にする。しかしながら、この三地域に太平洋を区分する見方は、一九世紀の西欧諸国による植民地分割の遺産のようなもの。ただ便宜的きまぐれに線を引かれただけのことである。はてしなき太平洋のランドマークとしては、たいそう便利なのだが、人類学的には、およそ意味がない。むしろ必要以上に固定的に考えないほうがよい。ましてや、それぞれの地域の歴史や人々や言葉の違いなどを強調するのは考えものだ。ちなみに、ポリネシアとはギリシャ語で「おびただしい数の島々（の世界）」、メラネシアは「黒い島影の島々（の世界）」、ミクロネシアは「小さな島々（の世界）」を意味する。

おびただしい数の島々が散らばるものの、ポリネシアを船や飛行機で旅しても、実際には島影を目にすることは少ない。二つ以上の島を同時に目にすることも珍しい。唯一の大陸島であるニュージーランドをのぞくと、どの島も海洋島であり、たいていの島は普通の地図に載らないほどに小さい。

南太平洋に散らばる島々のほとんどで、一〇〇〇年、二〇〇〇年、ときに三〇〇〇年以上に及ぶ人間の歴史が営まれてきた。それらの島々を西欧人の航海者たちが最初に訪れたのは一六〜一八世紀の頃のことである。

その頃の記録によると、どの諸島でも、大柄で筋骨隆々とした「高貴な野蛮人」のごとき見栄えのする人々が住むのを見ては驚き、つつましい暮らしが営まれ、独特の階級社会が発達しているのを知っては驚き、同じ響きと調子をもつ言葉が話されているのを聞いては、いたく驚いたようである。

そうした島々の先住者たちがポリネシア人である。ポリネシアの三角圏に散らばる島々だけでなく、その西のメラネシアの海域にあるバヌアツなどの島々、さらには北のミクロネシアの海域に散らばる島々にも容貌が似て系譜を同じくする人々が住む。これら島を寄せ合わせても陸地面積はしれている。人口も小さい。でも、彼らは巨人であるし、その分布域は、とてつもなく大きい。

ポリネシア民族と西欧人

ポリネシア人は一つの民族である。南太平洋世界を発見・開拓した先住民族である。同じ言語、同じ流れの文化、よく似た構造の社会をもつ。西欧人の探検航海者たちが金属器をもたらすまでは、石器時代さながらの暮らしを続けてきた。イースター島などでは、目をみはるほどに派手な巨石文化が花開いていたが、物質文化の中身はつつましいものだった。ないものづくしの暮らしのなか、木器や石器や骨器や貝器などが生活の手段であった。まだ文字を発明するには至らず、方言レベルで異なるだけの共通の言語（オーストロネシア語族でオセアニア系のポリネシア語）が使われていた。それに、いわゆる「人種」（生物学的に近縁性をもつ人々）ということでも同じ流れをくむ人々である。

どの島の人々も、高身長で大柄で屈強そうな体形、精悍《せいかん》な顔立ち。たいていは、濃からず浅からずの皮膚色。類まれなほどに骨太の筋肉質で力持ちであることで共通する。ともかく、世界のどこでも類をみない身体をした人々、まるでスーパーマンのごとく筋骨隆々《りゅうりゅう》とした体形の人々は、驚愕《きょうがく》の目で見られたようだ。一八世紀後半に三回、南太平洋を周航した大英帝国のクック船長などは、「この広い世界に非常によく似た異形の人々が住んでいるのは驚きである」（ビーグルホール『キャプテンジェイムズ・クックの生涯』成山堂書店、一九九八）と述べている。

そんな人々が外世界から隔絶されて存在するさま、なんとも異彩をはなつ彼らの容姿容貌、珍しい文化と社会。それらが西欧人探検者たちの好奇心をくすぐり、一九世紀以来、「ポリネシア人とは何者なのか」「どこからやって来たのか」などをめぐる論争が熱を帯びた。ポリネシア人の起源と出自について、さまざまな奇説、珍説、臆説の類が次々と提出された。南洋の絶海の島々に彼らが存在すること、まさにそのことこそが、世界の七不思議の一つにたとえられたのである。

一九世紀末のパリの閉塞状況から、ポリネシアのタヒチに脱出した画家のP・ゴーギャンなども、そんな一人である。彼は遺作のつもりで、大作「我々はどこから来たのか、我々は何者か、我々はどこへ行くのか」を描いた。ポリネシア人という人々のユニークな顔立ちと体形、彼らの暮らしの不可思議さ、彼らの日常の倦怠《けんたい》感のようなもの、それらが見事なまでに表現されている。ちなみにゴーギャンの作品では、マーケサス諸島で描いた遺作「海辺の騎手たち」のほうが好みだ。表情が見えないポリネシア人の三人の男が馬に乗り、白い馬に乗る死霊とともに、海（ハワイキ＝黄泉の国）のほうに向かう絵柄である。まるで、しばしば古老から聞かされたポリネシア人の死生観を絵に描いたようである。明るい背景のなか、不気味な沈黙が静かに漂う。

ポリネシア人の歴史――どこから来たのか

そんな雲ゆきのなか、二〇世紀のなかばとなると、ポリネシア人の起源を探る人類学の研究、ポリネシア語の系譜をたどる言語学の研究、各種の物質文化の伝播《でんぱ》を追い求める民族学の研究などが進められた。さらには、彼らの祖先が残した先史遺跡を発掘調査する考古学研究の気運がめばえてきた。日本でも有名な『コンティキ号探検記』のT・ヘイエルダールなどは、そんな頃の象徴的人物であろう。彼の提唱した「南太平洋のアメリカ・インディアン」説の妥当性はともかく、ポリネシア人研究の火に油をそそいだのはまちがいない。

そうした研究で達成された成果をもとに、いまではポリネシア人がたどってきた歴史をシナリオ風にまとめることができる（第5章参照）。その要約を再掲する。

おそらくは五〇〇〇年前の頃、東シナ海の周辺、あるいは台湾あたりから東南アジアの海域世界に広がったグループがいた。そのうち一部は、そのあたりの島々で一服したのち、さらに南へ東へと海上を進み、西太平洋のビスマーク諸島やソロモン諸島一帯の沿岸域や離島群に植民した。おそらく今から三三〇〇年ほど前のこと、日本列島は縄文時代の終わり頃だった。その人たちのことをラピタ人と呼ぶ。ニューカレドニアのラピタ遺跡の名にちなむラピタ土器の文化をもっていたから、そう呼ばれることになった。

そのラピタ人、彼らの開拓精神はすこぶる旺盛だったようだ。さらに東に南にある島々、メラネシア東部のバヌアツやニューカレドニア、フィジーの島々に定着するとともに、さらに近くの西ポリネシアのトンガやサモアの諸島にも植民を果たす。かくして三〇〇〇年前をすぎた頃には、フィジーからトンガやサモアにかけてのポリネシアの島々にも、ラピタ人の足跡が刻まれた。これらの諸島はいずれも、大海洋世界に浮かぶ。彼らは島から島へと、大型カヌーをあやつり、かなりの距離を航海できたようだ。彼らこそ、人類史上で最初の遠洋航海民と呼ばれるにふさわしい。

フィジー、トンガ、サモアの諸島に住み着いたラピタ人は、ますます航海活動に励み、海洋民族としての性格を強めていき、その結果、現在のポリネシア人の祖先となったようだ。

そして、長期間の遠洋航海にも十分に耐える大型のカタマラン型双胴カヌー（ポリネシア型カヌー）を改良していったようだ。

いまから二〇〇〇年前の頃になると、ふたたび東方へと向かう発見航海や植民航海を活発にするようになり、ポリネシアの中央部にあるタヒチ島あたりの島々やマーケサス諸島などに拡がっていった。こうしたポリネシア人のパイオニア航海はとどまるところをしらず、ほぼ一五〇〇年前には北のハワイイ諸島、一〇〇〇年前の頃までには東のイースター島（ラパヌイ）、さらに一〇〇〇年前をすぎた頃には西のニュージーランドまでをも発見、植民、開拓していった。かくしてポリネシア人は、ポリネシア周辺の島々に、あまねく住み着いた。

いずれにせよポリネシア人は、南太平洋の海洋性島嶼という特殊すぎる生活環境に身も心も適応した。だからこそ、大陸世界の人間とは一風変わった身体特徴を育んだのだ。大陸世界とは一味も二味も違う文化や社会を発達させることになったのだ。彼らの身体特徴の特異性、巨石文化や生活習慣などにみるユニークさは、まさに彼らがくりひろげた疾風怒濤《どとう》の歴史を物語るのであり、そうした歴史のたまものとして生まれたのだ。

ポリネシア人の身体形

ポリネシア人の生活環境は、それなりに海産資源は豊富なのだが、陸上資源はつつましい。その必然、陸上にあるものならなにもかも、植物も鳥類も、ピンからキリまで利用しつくす風が身についた。それとともに、大いに漁撈《ぎょろう》技術を発達させ、漁撈活動の達人となるべく身体機能を鍛え、ときに疲れをしらぬまで航海活動にいそしむ生活の流儀が身についた。

そうした生活環境で必要なのは、やせの大食いではなく、その反対、小食の巨人形の身体。最少限の食物で最大限のエネルギーを利用できる仕組みをもつ身体。いかなるときでも瞬間的なパワーを発揮できる身体だったであろう。

そうした生活環境から必然の産物のようにして生まれたのが、「ポリネシア人表現型（Polynesian phenotype）」と呼ばれる彼らに特異な体形である。

すでに述べたが、ポリネシア人の身体はおおむね、日本人などの感覚では規格外れの偉大夫である。また、ほかのどの民族グループでも類をみないほどに骨太で筋肉質の人が多い。

ポリネシア人の骨を見たならば、少なからずの人類学者は、その骨太さと重量感に感激するだろう。たとえば大腿骨などの下肢骨。それを見る、触れる、手で確かめるだけで、ああポリネシア人の骨だ、と判別できるかもしれぬ。土器の研究者の視覚触覚のワザとコツと同じで、骨見のコツとワザがあれば、人骨の研究者には難しいことではあるまい。

このようにポリネシア人は、大柄で骨太で筋肉質だから、とても見栄えがする。それに現代のポリネシア人は肥満傾向が強いから、なおいちだんと異彩をはなつ。あたりを睥睨《へいげい》するほどに威風堂々としている人が多い。まるで、J・スイフト『ガリバー旅行記』にある巨人国の住人のような人たちなのだ。

ともかく、どの島のポリネシア人も遠い昔から類まれなる高身長。成人男性の平均身長は一七〇センチか、それ以上あった。いまの時代なら、さほど目立つ高さではないかもしれないが、一〇〇年前以前なら、かなりの高身長。もちろん産業革命以前のヨーロッパ人よりも大きく、ナイル源流のアフリカ人などと並ぶ世界でも有数の高身長の民族であった。

それにくわえて、筋骨が隆々としている。たとえば上腕や大腿の中央部で計ると、全断面積に占める筋肉部分や骨部分の割合が、ことのほか大きい。つまり骨量、筋肉量がともに大きいのである。骨量が多いのは、その筋肉量に見あってのことだろうが、筋肉量が多い理由は、ひと筋縄では説明できない。子供の頃から格別の筋力トレーニングに励むからではない。肉食だからでもない。一般にポリネシア人の肉食量は非常に少ない。その昔から、むしろ、つつましき食生活だった。なのに、思春期が終わり成年になると、急激に筋肉質の体形となるのだ。さらに三〇歳代や四〇歳代の頃まで、その傾向は進行し、マッチョさが絶頂に達する。五〇歳代や六〇歳代になっても、筋肉質の体形はさほど衰えない。ときに筋肉ムキムキの年配の「おじさん」に出会い、驚く。

ポリネシア人のことを考えるのに大型類人猿のことを引き合いに出すのは、とても気がひける。無理を承知でのゴリラとのたとえ話。ゴリラは基本的に草食、筋力トレーニングに励むわけではない。なのに、筋骨隆々としており、腕力が非常に強い。しかも、コドモの頃はそうでもないのに、オトナとなる過程で、強靭《きょうじん》な筋肉を誇るようになる。まるで同じようなパターンの成長曲線をポリネシア人は描く。足と手も巨大。巨人タイプだ。

それはなぜなのだろうか。まことに残念ながら、この事象に関するわが知見と見識はここにとどまる。この問題を提起するにしか至らない。この問題の解決は余人にゆだねたい。聞きかじりの話で恐縮だが、動物の筋肉は、もともと大きくなる性質があるのだが、それを制御する蛋白質《たんぱくしつ》があり、その活性により筋肉隆々となったり、筋肉がつきにくい体質になったりする、とのこと。ポリネシア人の場合も同様の現象があるのだろうか。

さらにポリネシア人では、肥満の傾向が強い。子供の頃はスリムなのだが、五〇歳の頃まで体重は単調増加していく。ときに過度の肥満となる者がいるが、これは最近になっての現象。超大柄で肥満の彼らは、さながら小さな島々の巨人たちなのだ。

そんなわけで、ポリネシア人の成人は筋肉量と骨量、それに最近では、脂肪量が大きい。そのため身体量、つまりは体重値が大きい。身長が高いわりに体重がある。たとえば体重値/身長値の比率。つまりは体格指数の類では、世界のどの民族よりも大きな値を示す。

ヘラクレス型で「ずんぐりむっくり」の身体形

このようにポリネシア人は高身長、そのうえに目立つほどに骨太、さらに筋肉質だから、きわめて頑丈な造りの身体の人が多い。まるでギリシャ神話の英雄ヘラクレスの彫刻像を彷彿とさせるシルエットの「ヘラクレス型体形」なのだ。まさに重戦車のごときパワーとスピードとを兼ねそろえたラグビー選手に理想的な身体といえよう。ことにフォワード陣に申し分ないような身体なのだ。だから優れたラグビー選手が輩出しても、なんの不思議はない。

ポリネシア人の体形には、もう一つの特徴がある。北極圏に住むエスキモー（イヌイット）などの人々に似た「ずんぐりむっくり」の寸胴型で胴長短脚の体形の人が多いことである。身体各部の相対長をみると、体幹部や頭部に比して、四肢が短め。さらに言えば、上肢では上腕骨に比べて前腕骨のほうが、下肢では大腿骨に比べて下腿骨のほうが相対的に短い。まさにラグビーのフォワード陣、なかでも第一列のフッカーやプロップの選手にぴったりの体形ではあるまいか。かつては実際にオールブラックスでの場合、「重戦車のごときフォワード陣」こそが、ポリネシア系の名選手の代名詞のようだった。

だが、爆発的な走力を備え、敏捷性《びんしょう》が優れれば、その限りではない。いまは語り草、かつてオールブラックスには、ウィング（WTB）陣に超人ジョナ・ロムーがおり、ハーフ（SH）陣に名人グレアム・バショップがいた。NZ生まれのトンガ系ポリネシア人のロムーは、現代ラグビーの寵児《ちょうじ》ともてはやされた。疾走する重戦車のごとくであり、トライ製造マシーンのようでもあった。最強のウィングの称号が彼にはふさわしい。一九九〇年代の二回のワールドカップで圧倒的なパフォーマンスを発揮し、どちらにおいてもトライ王に輝いた。バショップのほうはサモア系ポリネシア人だが、むしろ忍者のようなイメージがあった。オールブラックスでキッカーとして活躍したのち、もうじき日本代表のヘッドコーチとなるジェイミー・ジョセフとともに日本代表としてもプレーした。

さて、そうしたヘラクレス型体形がポリネシア人で多いのは、なぜなのだろうか。いったい何に起因するのだろうか。もちろん決定的な理由は定かでないが、われらが研究にもとづき、一つの可能性を提示しておこう。

過成長タイプの巨人たち

ポリネシア人の成長パターンには実は、たいへん興味深い現象がある。子供たち一人ひとりの歯の萌出《ほうしゅつ》が早い。それにくわえて、女性の初潮開始も早い。これらは、思春期の開始が早く、思春期の成長スパートが早く始まることを意味する。でも思春期が終わるのは早いわけではない。成長が一段落して成人をむかえるのは、日本人などとも、あるいは西欧人などとも変わらない。少年期から青年期にかけての成長期が長く続き、時計の針を多く巻くように、一人ひとりの成長期が長く続くのだ。だから日本人や西欧人よりも大人びたところまで成長することになる。いわゆる「過成長型」、あるいは「先端肥大型」、あるいは「巨人型」の成長曲線をたどるわけだ。

その結果、おそらくは個々の骨の骨量が多くなり、筋肉量も全体に増大することになるのだろう。実際に、過成長症候群の人たち、俗に巨人症と呼ばれる人たちの間でみられるような身体の末端部の肥大傾向が、ポリネシア人では顕著である。足と手（靴を履く部分と手袋の部分）、あるいは下顎骨などが、ことのほか大きい。もちろん病的なものではなく、健全そのもの。なんらかの適応現象により、このような成長パターンが身についた可能性が高い。

西欧流の食物や食事法が普及した現代ならともかく、かつてのポリネシア人の食生活が豊かであったとは、とうてい考えられない。なにもかもが貧弱な南太平洋の島嶼環境のこと、彼らの食生活もまた、量的にも質的にも、このうえなくつつましいものであったろう。実際、サモアの島々で伝統的な食生活を調べた研究によると、ことのほか食事の回数が少なく（一日に一回ほど）、日頃の食物で摂取するカロリー量も見事なほど少ない。ともかく、おおむね、つまみ食いするだけのごとき毎日で、ときに饗宴《きょうえん》の日もあるが、現代日本人の常識では、つつましいことこの上ないほどの日常食だったようだ。

図21　ポリネシア人の母と娘
ポリネシア人は肥満の人が多い。ただしくは「現代では肥満の人が多い」、「都会ほど肥満の人が多い」、「成人後、齢とともに肥満に傾く」。この写真の母娘は最後のフレイズの見本のようである。（マーケサス諸島にて、筆者撮影）

それはともかく、ポリネシア人の遠い祖先が起源したと考えられる東南アジアや東アジアの縁海の海域部には、いささかでも彼らのごときへラクレス型の巨人体形に似た民族グループなど存在しないし、かつても存在しなかった。むしろ彼らとは対照的、小柄な体格をした人々ばかりである。このことは何を意味するのだろうか。

ポリネシア人体形は歴史的産物

どうやらポリネシア人の身体性は、はじめから大柄のヘラクレス型体形ではなかったようだ。彼らの祖先が南太平洋の島々に拡散していくなかで身につけた特徴なのであろう。

おそらくは、彼らの祖先が海洋世界に乗り出したとき、あるいは、海洋民的な性格を強めながら海洋島嶼の生活環境に適応していく過程で、そうした体形を獲得したのではなかろうか。それに、植民航海に乗り出すたびに大柄な体形の者たちが代表選手のように選抜されてきたことによるのではなかろうか。

もしも大柄な体形であることが必要とされたのであれば、たとえ摂取する食物はつつましくとも、そのままの大柄の身体を維持しなければならなかった。そのために、食物で摂《と》った栄養分を無駄なく摂取し有効利用する「食いだめ」体質が育まれたのではなかろうか。それと表裏をなすように、過成長タイプの成長パターンが身についたのではあるまいか。そんな推論が成りたつ。

そんなこんなで、つつましい食物事情にありながらも、大柄で頑丈な成人体形を維持する生理学的メカニズムが発達してきたのだろう。つまりは「倹約遺伝子型」とか「節約遺伝子型」とかと呼ばれる遺伝的な仕組みが備わったのだろう。だからこそ、現代になって西欧風の食事文化が普及するにつれて、より多くの食物、より栄養価の高い食物を摂るようになったことのつけを払わねばならなくなった。身についた肥満体質があだとなり、過度に肥満の人が多くなった。いきおい、高血圧や糖尿病、高脂血症や痛風などの「新世界症候群」と呼ばれる成人病を患う人が多くなったのではあるまいか。

図22　どこにでもラグビーのフォワード体形の人ばかり
ポリネシアのトンガ王国、サモア国、クック諸島国、フィジー共和国、NZなどを旅していると、ラグビーの代表選手（集落、村、島、国のうち、どのレベルの代表かは問わない）に遭遇することが珍しくない。（フィジー共和国にて、筆者撮影）

いずれにせよ、ポリネシア人が太りやすいのは、小さな島々で大きな身体を維持するのに発達した「食いだめ体質」があだになったためである。その伝統的で歴史的な身体適応と西欧流の生活習慣とのミスマッチによるわけだ。

ともかく結論を急ぐ。たしかにポリネシア人には、ラグビーというスポーツに適性があり、ラグビー選手として理想的な体形をした人が多い（男性も女性も）。その体形こそが、彼らの祖先がたどってきた歴史の産物なのであり、つつましい生活資源、ことに、つつましい食料資源しか利用できない海洋性島嶼での生活環境に適応するようにして形成されてきた歴史遺産なのである。

3　なぜポリネシアでラグビーが受け入れられたのか

ポリネシアにラグビーが来た頃

ポリネシア人がラグビーに強い親和性を示す理由としては、別の方面からも論じなければなるまい。昔ながらの彼らのメンタリティのありかた。さらには、近代のポリネシアにおける西欧列強国の進出とも絡めてである。

いまはポリネシア世界にも、いくつもの国境線が海の上、地図の上を縦横に走る。海上の国境線は、まるでフィクションのようだ。陸上世界のそれとは異なり、なんら実感を伴わない。ともかく現在みる国境線は、西欧列強国の覇権主義が残した爪痕のようなものであり、植民地分断支配の産物なのである。海の世界にも、ナイフで切り分けられるような近代の歴史があったことを物語る。

もちろん昔は、そんな国境線などなかった。いくつかの諸島、たとえばトンガやハワイイやフィジー、タヒチの周辺のソサエティ諸島などでは、大なり小なりの政治的統合体ができたりした。だが他の島々はみな、さながら大陸のごときニュージーランドでさえも、有象無象の部族が入り乱れて、群雄が割拠するがごとき状況にあった。ときには島ごとに、あるいは島内でも小さな部族がひしめき合い、ときに事をかまえて軋轢《あつれき》を起こし、肉弾戦に及ぶことも珍しくなかったようだ。

西欧の列強国は各々の植民地に支配の仕組みを押しつけ、キリスト教を伝道した。それにくわえて、スポーツ競技などの各種のあそび文化も伝えた。おそらく部族間の角逐を抑えるのに、なによりも効果があったのがスポーツであろう。とりわけイギリスは熱心で、植民地や保護領としたNZ、フィジー、サモア、トンガ、クック諸島などのポリネシアの島々に多くのスポーツを伝えた。ラグビー、ネットボール（バスケットボールもどきの女性のスポーツ）、クリケット、ゴルフ、競馬など、イギリスならではの競技が多い。これらはいずれも熱狂的に受容された。

図23　ネットボールのママさんチーム
クック諸島国、その最南端にある島のママさんネットボール・チームの皆さん。「男性はラグビー、女性はネットボール」。この写真は優勝記念撮影。皆さん誇らしげ。大英帝国系のネットボールは「バスケットボールもどき」、あるいはバスケットボールが「ネットボールもどき」なのか。（筆者撮影）

なかでもラグビーの定着は早かった。NZでは一八六〇年代、フィジーやサモア、トンガやクック諸島でも一八八〇年代。短期間のうちにラグビー協会が設立された。つぎつぎと町や村の中心部に競技場が作られた。それに続くのがネットボールであった。それらイギリスがらみの島々ではいまでも、ラグビーとネットボールとが、たいへん盛んである。その点、現在はフランスの海外県である仏領ポリネシアやニューカレドニアでサッカーが熱狂的であること、アメリカの一部となったハワイイで野球好きが多いこととは、好対照をなす。

そんな経緯もあり、旧大英帝国のなわばりとなったポリネシアの島々では、ラグビーとネットボールとがポピュラーとなった。前者は男性のスポーツ、後者は女性のスポーツとして。男女の間に厳格な線がひかれるポリネシア社会のこと、もちろんスポーツでも垣根がある。もちろん今では余興のごとく、女性がラグビー、男性がネットボールをする。ちなみに女性のラグビーといえども、なかなかの激しさがある。

大英帝国がらみでも、メラネシアのソロモン諸島やニューヘブリデス諸島（現在のバヌアツ国の一部）では、ラグビーは隆盛とならなかった。また、ポリネシアの島々でも、クリケット、ゴルフ、競馬などは下火となっていった。なぜゆえラグビーとネットボールとが熱心に受け入れられたのか、いささか興味深い。

ラグビーという名の疑似戦闘行為

もちろん、スポーツの性格と関係があろう。クリケットやゴルフや競馬などは、人数がそろえば、いつでもできる、というものではない。周到な設備や装置、あるいは用具などが必要であるか、複雑なルールがからむか、個人プレーが優先される。ボールとゴールと簡単なルールがあればよい、とはいかない。

それに対して、ラグビーもネットボールもシンプルそのもの。フィールドとボール、簡単なゴールとネットとさえあればよい。大人数による団体戦だが、ルールそのものも単純といえば単純である。たいそうな道具はいらず、なによりも戦略的なゲームであり、集団と集団とがぶつかりあう格闘競技としての側面が強い。ことにラグビーでは、選手一人ひとりの敏《びん》捷《しょう》さ、強靭な肉体、闘争心、献身的な精神などがあればよく、集団対集団の肉弾戦が醍醐味。まだるいところが少ない。まるで、武器なし素手で争う戦闘行為である。そんなところが、ポリネシアの人たちのメンタリティにマッチしたのではあるまいか。

集団による格闘技の最たるものは、武装軍団による戦闘であろう。ラグビーを集団戦闘行為になぞらえるのは難しいことではあるまい。たとえば、オールブラックスやサモア代表がゲーム前に演じるウォークライ（一般に「ハカ」と呼ばれるが、おそらくは、なんとか「ハカ」の略）のパフォーマンスは、その象徴と言えなくもない。これらは、ポリネシア人の部族争いでの「宣戦布告」や「ののしり言葉」や「ときの声」などを表す戦闘の儀式ダンスからきている。争いごとを始める合図のようなものだ。味方を鼓舞し、相手をけなす。おそらくは、NZの地方のどこかで、その昔、「カ・マテ、カ・マテ、カ・オラ、カ・オラ（死ね死ね、生きろ生きろ）」とやっていたのだろう。

余談だが、私自身が聞いた話。その昔、クック諸島のある島では「おまえたちはブタのようだ」とか、「ブタのように美しい」などと、宣戦布告や喧嘩《けんか》の合図でやっていたらしい。この直訳は、いささか滑稽ですらある。だが意味は問わないほうがよい。おそらく遠い昔からの決まり文句なのだから、意味よりも調子が大切なのだ。それに言葉は変わる。それにポリネシア語には同音異義語が多いから、単語の区切りが曖昧だから、時の流れとともに、古謡の歌詞なども微妙に変化していく。

ところで、もちろんラグビーは素手で立ち向かい、決まりのルール（ラグビーの場合、厳密にはロー〈法〉）を遵守し、みだりに乱暴な行為は許されない。紳士的振る舞いが求められる。ともかくはスポーツなのだから、戦闘行為とは混同できない。だが、あらゆるスポーツのなかでも一番、疑似的な戦闘行為と呼ぶにふさわしいスポーツではあるまいか。

さきほど、西欧人の航海者たちが訪れ始めた頃のポリネシアの島々は、そこかしこに小さな部族が割拠し、それらの間で争いごとが絶えない状況にあったと述べた。たぶん日本列島にあったとされる「倭国《わこく》の大乱」のようだったのであろう。昨日も戦い明日も戦い、昨日の味方は明日の敵。そんな社会だったようだ。さまざまな社会レベルで戦闘行為が充ちあふれていた。そこらじゅうにスクラム（語源は「乱闘」）があったのだろう。

実際、人類学の調査などで各島を訪れるとき、ともかく最初に実施するのが島中の一般踏査である。物知りと評判の年配者に連れまわってもらうのだが、なにかめぼしき場所があれば、たいていは古戦場との言い伝えが残るところ。史跡のにおいのするスポットがあれば、それは要塞（パ）の廃墟。洞窟などがあれば、争乱に敗れし部族の避難所だとのたまう。それが定番である。ともかく、島の歴史は戦なり、と錯覚するばかり。

ことほどさように、つねに島には部族の間で緊張関係が続いていたのだろう。いつも一触即発の空気が漂っていたのだろう。閉塞的な島社会では、往々にして、そんなムードに支配されやすい。だからこそラグビーは、伝来した当初から、戦闘を儀式化し緊張をほぐすゲームとして、英国人にも島人たちにも重宝されたのではなかろうか。実際に争いごとの歯止めとなるだけでなく、部族間のテンションを緩和する役割を果たしたのではないだろうか。

そもそもラグビーは、ポリネシアの島々に、お仕着せのように持ちこまれたのではあるが、島びとたちの挑戦的な振る舞いをおさめる理想的なスポーツであったのだろう。だから植民者の側の意図も十分に達成されたに違いない。つねに沸騰しかねないポリネシア人の闘争心を冷却する役割を果たしたわけだ。そこにも、ラグビーが熱烈に歓迎される理由があったのではなかろうか。

どこにでもラグビーがある風景

ところでラグビーは、サモア国やトンガ王国、クック諸島国やフィジー共和国などでは、さながら日常生活の一部のようである。冬場の風物詩でもある。どの国も、どの島にも、町にも、村にも、ラグビーの代表チームがある。

ことに南半球の冬の季節、五月から九月頃は、ラグビーのシーズンがたけなわ。村落単位などで、定期戦やリーグ戦がくり広げられる。毎年一度、島ごとに地域ごとに選抜された代表チームが集合、首都などで選手権大会が開催される。何年かに一度だが、南太平洋のオリンピックのごときもの（南太平洋競技会）では、各国の代表が相まみえる。ときには、ある島の代表チームが、別の島や別の国へ、遠くはNZやオーストラリアにまで、遠征ツアーに出かける。その逆もある。かつて部族間や島間でくりかえされた戦争行為を儀式化するようにラグビーのマッチ（試合）、あるいはテストマッチ（国間の「真剣」試合）がもたれる。いまや商業主義に毒されたが、そもそもの五輪競技会などの原点のようだ。

ラグビーのシーズンには、若きも老いも、女も男も、ラグビー一色に染まる。少年男子ならば、誰もかもがラグビー選手にあこがれる。青年男子ならば、誰もかもが、なにがしかの代表のメンバーに選ばれることを願う。そして、誰もかもが自分たちの代表たちを誇りに思う。家族に、パートナーに、一族に代表選手をもつ者たちは鼻たかだか。それくらい誇りにされるのが、ラグビーというスポーツの名手たちなのだ。

ことに島代表に選ばれた者は、その瞬間、男泣きするか、そのときから表情が変わる。それ以上ないほどにテンションを昂《こう》じてマッチに臨む。それ以外の男性たち、及び女性たち子供たちは、自分たちの村や島のチームに応援の限りをつくす。まるで選手たちに乗りうつるかのようである。相手チームを応援するヘソまがりは、まずいない。そうしたマッチが開かれる日は、ともかく、相対する村の全員全霊がラグビー場に集合。おそらくは最大の行事である。われわれ調査者も、誰それかをつかまえる機会として、絶好のチャンスとなる。

村落単位ほどの対抗戦ならば、さほど技術レベル、戦術レベルともに高いとはいえない。特定の選手以外、スピード感もさほどではない。それでも大きな肉体とパワーがぶつかりあう迫力は満点である。このクラスの若者でも、日本に来れば、すぐにでも主力をはれそうな力量である。実際、トンガなどからの留学生が少なからず、日本の高校で活躍しているが、実のところ、彼らは地元では、少しばかりラグビーが上手い程度の若者でしかない。

いつもは温和な顔をした知り合いの青年や成年の男性が、それこそ鬼のごとき形相で敵と相まみえ、肉弾戦を展開する。もちろん傷つき倒れる者も少なくない。あるとき目撃したが、ボキッという不気味な音とともに、フォワードの一人が倒れた。周りの者たちにかつぎ出されたが、その男の下腿部は腓骨《ひこつ》とおぼしき骨が開放骨折しているようだった。そんな場面は、めずらしくはない。まだ若かった頃、ホームステイしている家族と、あるいは子供たちとともに、ラグビーのまねごとをすることがあったが、それを目撃して以来、いっさいやめた。

その昔、ポリネシアの島々を訪れていた頃のことだ。ニュージーランドやオーストラリア、さらにはフィジーやサモアやトンガが関係するテストマッチがあれば、どこからともなく島じゅうに開始時間などの情報が広がる。もちろんテレビの放映などはなく、ラジオの出番である。どこかの国の短波放送による実況に聞き入り、ニュース結果に耳を傾ける。そんなときは昼間であろうと、大の男どもが大勢集まり、小さなラジオを囲んでいるので、すぐにそれとわかる。

そうしたテストマッチのビデオフィルムも島の社会では欠かせない。どこからか誰かが入手したものが島に持ちこまれ、たらいまわしされる。テレビなどなくとも、あるいは、夜の時間に地元ニュースや映画しかやらなくとも、どの島でも多くの家庭にビデオ装置がある。それを見るのは最大の娯楽だが、ことにラグビーのビデオは、さながら宝物のごとし。

ともかくラグビーというスポーツ。ことにポリネシアの西部に多い旧イギリス圏の島々の人々には、血わき肉おどる最大のイベントとなる。なにはなくてもラグビーなのだ。たかがラグビーではないか、など、と言えるような雰囲気ではない。神のおぼし召しのようなもの、それがラグビーなのだ。

ちなみに、旧フランス圏のポリネシアの島々では、ラグビーではなく、サッカーが魂のスポーツである。よく似た社会的な機能を果たしている。

若かりし頃、何カ月か滞在した二〇〇人足らずの孤島でのことだが、ただの一度だけそこで、サッカーの試合に参加することがあった。そこはフランスの核実験の島に近く、フランス軍の気象部隊と外人部隊の基地があった。フランス軍にまじり、裸足の島びとたちと対戦したのだが、この試合も迫力いっぱいだった。なにしろ、島の若者たちは靴なしなのに、正確に強くうまくボールを蹴る。信じられないような光景であった。もちろん小柄な日本人など、まったく、なんの役にも立たなかったことは、申すまでもない。

身体性と歴史性

旧イギリス圏の島々に住むポリネシア人にとっては、ラグビーは神から与えられた最大の贈り物のようである。そのスポーツそのものが、彼らの特異な身体性、身体能力、パワー、スピードなどに、よく適しているばかりか、いまや彼らの社会の基盤に深く根を張っている。彼らのメンタリティを最大限に発揮する役割をも果たしているようで、どの島もラグビー狂いであふれている。

そのあたりの島々の若者にとって、村や島の代表チームに選ばれ、出身国の代表チームに選ばれるのが夢である。もっと大きな夢は、ニュージーランドやオーストラリア、あるいは日本やヨーロッパのクラブチームの目にとまり、やがては「オールブラックス」や「ワラビーズ」、南アフリカ代表の「スプリングボクス」や日本代表の「チェリーブロッサムズ」などのメンバーになることである。それが現世で見る最大の夢であり希望なのである。

トンガ系ポリネシア人のジョナ・ロムーとか、サモア出身のグレアム・バショップなどの存在は、まさに英雄像を絵に描いたようなもの、誰もが、そんな英雄の跡目を継ぎたいと願っているのだ。

それでは、なぜポリネシア人は、多くのラグビーの名選手を輩出するのだろうか。世界人口の三六〇〇分の一にすぎないポリネシア系の人々なのに、ことラグビーとなると、なぜゆえに、ワールドカップの顔となるような選手を多く輩出するのだろうか。一つには、彼らの身体性のなかに、その答えがあり、一つには、彼らがたどってきた歴史性のなかに、その答えがある。また一つには、彼らのメンタリティや社会性のなかに、その答えがあろう。要するに、彼らの「氏と育ち」の双方に答えがある。つまり、ポリネシア人なら誰もがロムー選手のようになれるわけではないが、子供の頃から十分な社会条件などがそろえば、世界のどの人々よりも大きな可能性を秘めていると言えよう。これからも多くの大物選手が生まれることだろう。

最後に、ポリネシアの冬景色を詠んで、駄句を一つ。

「そこらへん　ラグビー狂いの　マタばかり」

ちなみに、ラグビーは冬の風物詩だから、立派な季語である。マタ（mata）とはポリネシア語で「顔」とか「眼」の意である。ラグビーのゲームがあるところ、多くの顔と多くの目とが楕円のボールの動きを追いかけている。それがポリネシアの島々であり、ポリネシアの人々の日常なのである。

第7章　まちがわれた身体特徴——幻の「明石原人」とその仲間たち

1　「明石原人」とは何だったのか

日本史の教科書から消えた原人類

ところで、「明石原人」とか、「高森原人」（あるいは「東北原人」）とか、そんな名称をご存じではなかろうか。

戦後の五〇年ほどの間、二〇〇〇年の頃まで、おかしな歴史観のようなものが日本社会に流布していた。いまから七〇万年前とか何十万年とか前の前期旧石器時代（いまから二〇万年ほど前までの太古の時代、後期旧石器時代の前の中期旧石器時代のさらに前の時代区分）の頃から、すでに日本列島には、人類の仲間が住んでいた、中国大陸にいた北京原人のごとき原人類（ホモ・エレクトス、あるいは直立原人）が日本にも分布していたというわけだ。そんな無茶な常識があった。あるいは定説のようになっていた。

高校の日本史の教科書などにも、あたり前のように登場していたから、「明石原人」の名前は、子供から大人までの多くの日本人の知るところとなっていた。その名前だけが、まるで記号のように、教科書の書き出し部分に登場していた。

そんなわけで、いま五〇歳以上の人は、おそらく、その名前を思い出せるだろうが、それ以下の年代の人は「明石原人」のアの字も知らないかもしれない。

実際には、どんな人類なのか、誰も（人類学者も）詳しく知らない。知らないままに、「ひどく古い時代の人類」とか、「ひどく原始的な人類」とかのイメージで語られていた。当時の人気漫画『ギャートルズ』よりも漠然としたまま、名前とイメージだけで一人歩きしていた。ではあるが、「日本人が誇るべき歴史の奥行きの深さ」をくすぐる役割をにない、まるで戦前の「神話史観」の代替をなす戦後の「原人史観」の主人公のごとく、日本史関係の出版物、さまざまな「歴史物」に登場していたのだ。

実際、戦前の神話史観に替わるように生まれ、二一世紀になるやいなや姿を消した。どの民族でもたいてい、自分たちの祖先が遠く古くまでさかのぼることを誇りに思う意識があるようだが、現代の日本国民も例外でなかったわけだ。

はじめに登場したのは、「明石原人」であった。日本史の教科書の書き出しは、まるで定番のように、その名前が飾っていた。でも名前だけなのであり、その身体像などについては愛想のないこと、このうえない記述であった。それも仕方ない。あとで述べるように、まるで「幽霊の正体見たり枯れ尾花」を絵に描いたような虚像だったからだ。およそ一九五〇年代から一九八〇年代のなかばにかけてのことだ。その後、それこそ幽霊のごとく人知れず、教科書の改訂とともに、その名前が消えていった。

ほかにも「葛生原人《くずう》」、「高森原人」、「牛川人」など、日本列島の旧石器時代にいたとされる化石人類の名前が教科書などをにぎやかしたことがある。これらもまた、人知れず消えていってしまった。

栃木県葛生で見つかったとされる「葛生原人」なるものは、あるいは原人類の化石か、とされていた。だが、新しい時代の人骨であることが判明した。「牛川人」と呼ばれた化石骨は、更新世にはさかのぼるものの、人骨ではない可能性が指摘されることとなり、幻の化石人骨としての運命をたどった。「高森原人」にいたっては、まだ記憶に新しかろうが、悪質な捏造《ねつぞう》事件による副産物だった。最後のところで、少しだけ言及しておきたい。

ともかく、「明石原人」や「高森原人」や「葛生原人」など、私が人類学を学んだ頃に慣れ親しんだ名前は、つぎつぎと舞台から消えていった。「淀《よど》みに浮かぶうたかたは、かつ消えかつ結びて、久しくとどまりたるためしなし」、そんな思いがする日本の旧石器時代の化石人類案件である。

ことほどさように、化石人類の研究は難しい。また同時に、ただ純粋に学術的な問題であるはずなのに、いやおうなしに人間くさい問題が絡む。民族としての国民としての願望のようなものまでもが絡む。だから話題性だけが先行し一人歩きしやすい。そんな現実がある、ということだ。「明石原人」については、その登場から消えゆくまでの経緯を少しばかり詳しく述べておきたい。

「明石原人」風雲録

「明石原人」の名前は、敗戦後しばらくして、日本の疲弊する社会を舞台に忽然《こつぜん》と現れた。その名前が登場するにいたる前史はさらに、一九三一年（昭和六年）にまでさかのぼる。兵庫県の明石市近郊、西八木海岸の断崖の波打ちぎわで人骨の断片が発見されたことが、そもそも発端である。この骨は「西八木腰骨」とも、「明石人骨」とも、あるいは「明石化石人骨」とも呼ばれる（図24）。

この「明石人骨」は、昭和の初めから、その終わりにかけて、それぞれに志を傾ける人たちの個性、ややこしい複雑な人間模様、その時々の社会情勢のなか、激しい荒波に翻弄され

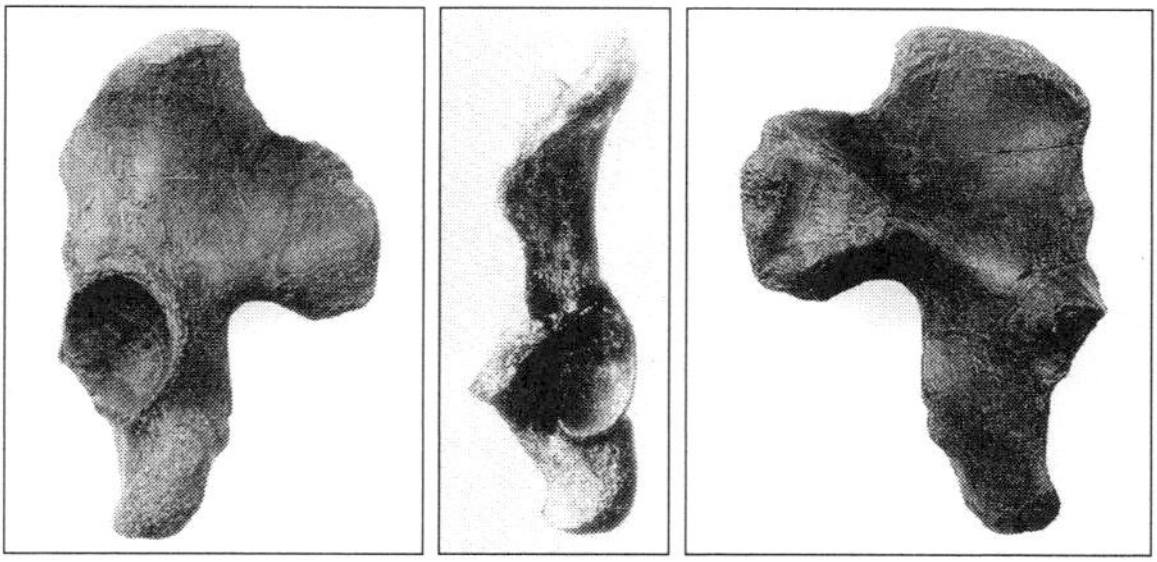

図 24　「明石人骨」あるいは「西八木腰骨」
幻の「明石原人」が登場するきっかけとなった人骨資料の模型。左側骨盤の断片である。実物は 1931 年、兵庫県明石市の西八木海岸で発見されたが、1945 年に戦災により焼失した。（写真は、兵庫県明石市教育委員会所蔵）

続けた。ときに日本人の心の糸をゆさぶり、日本社会を刺激するなどして、紆余《うよ》曲折を経た。昭和という時代のこととか、当時の学界の動向とか世の移り変わりとかを振りかえるのに、ある意味で象徴的でもあり、いろいろな方面に広がる格好の回顧材料を提供するやもしれない。

「明石原人」をめぐる物語では、個性豊かな登場人物が少なくない。そのきわめつき、主人公となるのが、直良《なおら》信夫その人である。そして長谷部言人《ことんど》である。前者は、いささか傑物めいた伝説的人物。この人物が「明石人骨」を「発見」した。後者は高名なる人類学者で、まるで権威を絵に描いたような人物だったらしい。この人物こそが「明石原人」を「発明」した。あるいは「明石原人」の産みの親となった。

この二人が回転軸となり、一九三一年から一九八〇年代前半までの戦争をはさむ六〇年もの間、ひどく人間くさいドラマのなかで数奇な運命をたどることとなった西八木腰骨《ようこつ》は、小さな見栄えのしない骨だった（いや、化石骨だったのか）。このドラマのあらすじを、できるだけ簡潔にたどりながら、歴史研究の脆《もろ》さ危うさと冷徹さ、人類学研究の埃《ほこり》くささや移ろいやすさ、それぞれの研究者のこだわりや十人十色の様子などを、うまく説明できるならば、たいへんうれしい。さらには、この人骨のこと、この人骨にまつわる事の顚末《てんまつ》を、いまの人類学のフィルターを通して検証・点検してみたい。もって化石人骨研究が進展してきた成りゆきなりを解説できれば、なおのことうれしい。

もとより、とうの昔、「明石人骨」の実物は失われてしまった。だから、各種の書き物類から読み解くしか検証する手立てはないのだが、事の構図は非常に明確に浮かびあがる。はたして、西八木腰骨の真実はどうだったのであろうか。

もはや本物の「明石人骨」は世にないが、幻の「明石原人」を産んだ「明石人骨」の模型と写真、一九三一年当時の西八木海岸の写真類、謎の展開の行方を確かめる記録類などは、その「明石人骨」の出身地の近くにある兵庫県立考古博物館（兵庫県加古郡播磨町《はりまちょう》）に行けば、詳しく知ることができる。ぜひとも、ご覧になっていただきたいものだ。

明石の海岸で人骨発見！――世紀の大発見か、ただの古骨か

ときは昭和モダンの世のなか、一九三一年（昭和六年）四月一八日、春の嵐が通過した朝のこと。当時は在野で動物化石を研究しており、近くで結核の療養中であった直良信夫博士が散歩中、断崖の波打ちぎわで一個の人骨片を発見した。

これは人間の腰骨（骨盤の一部）のようだ、しかも化石骨のようだ、さあ大発見だ、と直感したに違いない。すこぶる行動は迅速だったようで、いささかでも興味を抱きそうな関係筋に広く網を張ったようだ。どのような状態の骨であったか、どのように見つけたか、いま一つわからないのが残念だが、五月三日付の『大阪朝日新聞』の記事を見ると、直良博士の興奮ぶりと願望のようなものとが伝わる。この記事は、まさに「謎の記事」といってよい。ともかく出来すぎた内容であり、一九五〇年代の記事としても通用しよう。

この記事には、いわく「約三、四万年前の人体の骨盤の立派な化石（成人男子の左骨盤）」、「これは我国内で初めて発見された洪積層時代の人体の骨片の化石で学界に異常のセンセイションを興している」、「直立歩行のできる人類、もしくは高等猿類或は人猿の類の成人の骨盤と鑑定されている」、「この発見が如何に日本の学界を狂喜させているか知れない」などと

あり、それこそ直良自身が狂喜乱舞、テンションを昂《こう》じている様子が目に浮かぶ。

ちなみに、この記事はまぎれもなく、直良が電話かなにかで語るところを、そのまま記事にしたものであろう。このことからも彼の高揚感がうかがえる。ちなみに、「次号（五月号）の人類学雑誌上で」、さきに発見した旧石器の研究内容とともに、「これ（人骨？）が発見場所、経過……が発表されることになっている」とあるが、実際には、その後の人類学雑誌に、この人骨についての発表は、いっさいない。どんな深い事情があったのだろうか？

いずれにしても、当の人骨をめぐる直良の行動は、短兵急《たんぺいきゅう》にすぎたようだ。古人類に関する知識や認識が十分ならざる当時の人類学界の状況を考えると、事の成りゆきのめまぐるしさは、とても理解できそうにない。

発見から一〇日あまり経った四月三〇日にはもう、当の腰骨は鑑定のために、東京大学人類学教室の松村瞭博士のもとに貸し出されている。『大阪朝日新聞』記事の内容は、それまでの短い間に、直良自身が急いで出した見解だろう。

新聞記事からわずか一週間後の五月一〇日には、京都大学人類学研究会の面々が見学のために、発見現場を訪れる。解剖学教室の金関丈夫《かなせきたけお》、病理学教室の三宅宗悦《むねよし》、地質学教室の槇山次郎、考古学教室の有光教一、地理学教室の小牧実繁《さねしげ》などである。いずれも当時の少壮気鋭の面々。私がごときには、いずれ劣らず、神々《こうごう》しいばかりの錚々《そうそう》たるメンバーである。あるいは直良が、病理学教室の清野謙次や考古学教室の濱田耕作など、その当時の人類学や考古学の大御所と連絡を取り、その斥候《せっこう》のように派遣されたのかもしれない。

だが、化石人骨の実物が見られない、発見場所のことが曖昧、出土した状況と層序の記録がない、少し話が大きい、などの理由で、おそらく面々は、いくぶんかの胡散《うさん》くささのようなものを覚えたのではあるまいか。失望感のようなものを味わったのではなかろうか。その後、この京都大学の面々による反応はないし、この人骨のことを喧伝《けんでん》につとめた様子もない。

だからなのか、「明石原人」ものの書、たとえば春成秀爾《はるなりひでじ》の著書（『「明石原人」とは何であったか』NHKブックス、一九九四）には、「京都帝大学者の無念」の見出しのもとに、その京都大学の面々はみな、直良の見つけた人骨に対して冷淡であった、と書かれている。だが、金関丈夫が後に記したというメモ（「……直良や松村が明石人骨についての研究発表をできなかったというのは、恐らくうそだ。そんな事情が当時あったはずがない。誰も問題にしなかったというのがほんとうだ。発見直後現場を見にいった人々は、現場を一見してその可能性のないことを確信したものだ」）が残る。これこそが、京都大学人類学研究会の面々が抱いた感想を率直に表すのではなかろうか。

さらに六月三日には、東京大学人類学教室の松村瞭や須田昭義、地質学教室の徳永重康などが現地見学に訪れている。こちらのほうも、とても興奮したようには思えぬ。この組は、すでに西八木腰骨の現物を手にして調べていたはずだ。出土層位などにも、なんとなく疑念をいだいていたのではなかろうか。当時の知識をもってしても、その腰骨が、現代人骨のものとさほど違わぬ形態であることは、たぶん知っていたはずだ。だから、ともかく一目、発掘場所を見ておこう、となったのかもしれない。「しかし、西八木海岸の現場に立った博士らは、そこを一瞥《いちべつ》されただけで、とくに意見を述べられなかった」（春成、一九九四）という。淡々としたものだったようだ。

そして七月の後半にはもう、松村は西八木腰骨を直良のもとに返却している。手紙を添えていたが、そこには「こんどは、自分の手で、かならず発掘するのがよい」とあったそうだ。おそらく松村は、形態特徴の面でも、出土状況などの面でも、当の人骨を特別に興味深いものと判断しなかったのではないか。だから、すぐに返却、しかも、なにも所見を著さなかったのではあるまいか。

管見で恐縮だが、わが体験に照らしてみるに、なんらかの興味、あるいは学術的意義を感じれば、即返却、所見なし、報告文書なしなどは、考えにくい。

直良信夫という生きかた

いささか脇道にそれるが、直良博士その人についても、少し触れておこう。あまりにも著名な人物なので、私らのような者がわざわざ、ぐだぐだと書く必要などないのだが。

いくつか人物評伝がある。たとえば『明石原人の発見――聞き書き・直良信夫伝』(高橋徹、朝日新聞社、一九七七)、あるいは『見果てぬ夢「明石原人」――考古学者直良信夫の生涯』(直良三樹子、時事通信社、一九九五)など。いずれも良書である。ただし前者には、多少なりとも感情移入的なところがあり、後者には、身内の回想記に特有な情緒的な響きがある。それにどちらも、こと「明石人骨」に関する記述では、直良の言い分をそのままにして、「悪者」たる学界筋に相対させることで直良の人となりをクローズアップする。あくまでも人物評伝なのである。

わが常用する『日本語大辞典』(講談社)には、〈なおら-のぶお〔直良信夫〕(一九〇二～八五)古生物学者・古人類学者。大分生まれ。早稲田大学教授。明石原人・葛生原人の発見者として知られる〉とある。当然、大ざっぱにすぎる。なんのことやら、よくわからない。まさにそのことにこそ、直良信夫博士の「面目、躍如たるものが有る」のかもしれない。ともかく「忙しい人」だったようだ。(ときには異常なほどに)強い興味を示した領域や分野が多すぎるほどに多い。古生物学や考古学、人類学や動物学、動物生態学や博物学や民俗学、などなど。ことに古生物学では化石ゾウの研究などで著名にすぎる、考古学では動物骨の研究などで学を成した。また「文体は平易にして瀟洒、……学術的な散文詩でも読むような気分でさわやかに楽しませ、氏の該博な知識……」で、多方面にわたる著作を世に出したことは驚嘆に値する。ことに戦中から戦後にかけて出版された、少年や一般読者に向けた多くの書籍類、たとえば『子供の歳時記』や『日本産獣類雑話』や『日本の誕生』などはいずれも、すこぶる評判だったらしい。学者としてだけでなく、エッセイストとしても、よく知られるゆえんだ。

直良信夫博士は、いわば立志伝中の人物である。小学校卒業後に上京、再上京。苦学して農商務省研究所勤務。この間に考古学や古生物学をめざすようになった。結核におかされ郷里に向かう途中に関東大震災が起こり、難は逃れたが、人生行路を変えることになった。のちに、直良音と結婚、村本姓から直良姓となる。まことに数奇な運命をたどった不思議な人だった。

よく言えば、好奇心ただごとならざる人物。上昇志向の非常に強い人物。化石研究や石器研究などに尋常ならざる興味をいだき、古生物や考古学や人類学など多方面の分野に大きな関心をいだいた。ともかく情熱的、かつモチベーションの非常に高い人物である。だが勘ぐれば、自己顕示欲のようなものがとても強く、功名心にはやりやすい性格の持ち主だったとの見方もなりたつまいか。

直良信夫と化石人骨案件

直良は、動物化石に対する興味の延長線上で人骨化石にも関心をいだくようになったようだ。結婚後、結核の療養中にゾウなどの化石を探し求めるこだわりのなかで、明石近郊の西八木海岸で「明石人骨」と遭遇した。

ともかく動物化石だけでなく、洪積世（いまでは更新世と言う）の人骨化石と旧石器についても、こだわり続けたようである。そして「明石人骨」の発見の前年、西八木海岸で「いかにも石器らしきもの」と「旧石器」とを発見して、翌年の一九三一年、つまり「明石人骨」の発見の年に、人類学雑誌で「播磨国西八木海岸洪積層中発見の人類遺品」なる論文を発表する。

在野の考古学者であった相沢忠洋が、群馬県の岩宿で「旧石器らしきもの」を発見したのが一九四六年のこと、まぎれもなき旧石器を発見したのが一九四九年のことである。かくして日本列島にも、縄文時代の前に旧石器時代（岩宿時代）があり、すでに人間が住んでいたことが認定されるに至ったのである。このことを考えると、直良の先見性は大いに賞賛されよう。

まあ学問における発見というものは、こんなものかもしれない。ことに人類学の世界では、何年も何年も経たのちに、やっと研究成果が公認されるのは珍しいことではない。むしろ、後述する「高森原人」の事例のほうが、おかしいといえば、おかしい。おかしすぎるわけだ。なにしろ「見つかった」らすぐに、お偉方たちがはやし立て、メディアも煽《あお》りたてて、お墨付を与えたのだから、普通ではない。

ちなみに、直良が発見した「化石人骨」の案件は、「明石原人」だけではない。実は、「第二の明石人骨」というのもある。これは一九三二年のことかもしれないが、同じく西八木海岸で見つけたらしい。「頭骨の破片」とされていたが、人知れず「亀の背甲片」ということになったらしい。寡聞にして詳細を知らない。

さきの「葛生原人」も直良案件である。早稲田大学の講師をしていた頃、一九五〇〜五一年に栃木県葛生町の石灰山で発見した人骨片であるが、これについては、すでに述べた通り。

どうも非常に新しい骨で、一五世紀前後のものらしいと判明している。さらには、一九五一年に東京で「日本橋人類」なるものを発見したとされているが、これは、どうも縄文時代人骨の小片らしい。ともかく詳細は不明。さらにさらに、早稲田大学教授を退職前後の一九七〇年、鳥取県境港市で見つかった古い人間の下顎骨の化石を「夜見ヶ浜人」と命名しているが、正確な年代は定かでない。あるいは、縄文時代になる直前のものかもしれない。

いずれにせよ、化石人骨に対するこだわりが強すぎたようである。あるいは、功をあせりすぎたのだろうか。いささかトレジャー・ハンター的な興味の持ち主であったことは否めないであろう。

その後の「明石人骨」――数奇な運命をたどる

さて、くだんの「明石人骨」は、どうなったのだろうか。

どうも一〇年あまりの間、発見者の直良信夫の手もとにあり、大きな渦にも巻きこまれず、静穏のうちにあったらしい。直良とともにあったのだ。ところが太平洋戦争の終わり頃、一九四五年五月二五日、米軍の東京大空襲に遭遇し、直良の自宅で焼失した模様である。直良の勤務先であった早稲田大学の研究室も爆撃に遭い、化石ゾウなどの収蔵骨は、ことごとく灰燼《かいじん》に帰したらしい。「明石人骨」はというと、石器類などとともに自宅にあったようだが、難を逃れたわけではない。同じ日の爆撃で同じ運命をたどったのだ。

なぜ自宅にあったのか。まだなお非常に強い学術的執着があったためなのか、なんらかの研究中にあったのか、あるいは愛着を覚えていたがゆえなのか、よくわからない。ちなみに、とても重要な学術資料を自宅に所蔵することは、その当時の日本では、さほど珍しいことではなかったようだ。

いずれにしても、「明石人骨」とも、あるいは「西八木腰骨」とも呼ばれる「化石人骨」は灰燼に帰してしまった。一切合切、この地球上からなくなってしまったのだ。この喪失は甚大である。将来の再検討への道、新たな研究方法（たとえば年代測定法）を適用する道が閉ざされたわけだ。一巻の終わりなのか。

ところがである、ふたたび「明石人骨」がよみがえったのである。もちろん現物が、ということではない。とても精巧な石膏《せっこう》模型が残されていた。西八木海岸で発見されたすぐ後に東京大学人類学教室に貸し出されたことは、すでに述べたが、その際に模型が製作されていたのだ。それが再発見されたわけだ。

2 「復活」から幻へ

人類学の大御所・長谷部言人、「明石原人」説を提唱

ここで「明石原人」をめぐる、もう一人の主役に登場願いたい。長谷部言人博士その人である。すでに東京大学教授を退官していたが、一九四七年（昭和二二年）一一月六日のこと、偶然にも「明石人骨」の石膏模型と出会うことになる。

「……人類学教室の写真ダンスに入れてある石器時代人頭骨写真を取出すとき、同じ抽出しの中にある明石人骨と赤鉛筆で書かれた印画紙袋が目についた。何心なく内容を改めると、一箇の左腰骨の写真が四葉入っている。……壮年女性の左腰骨らしいが、腸骨翼幅狭く、いかにも異様な形をしている。この事を須田助教授に話すとその腰骨の石膏型が廊下の陳列戸棚にあると注意され、即時これが見出された。……暗褐色に彩られた表面に細かい雲母片がついている。粘土を母型としたらしく、骨面や破片及び磨損面の肌合いが細かにうつし出され、安心して原標本の代わりに記載計測に用い得る優秀な作品である」

以上が、長谷部のメモとして残る、そのときの様子である。

すぐに明石人骨の形態を記載し計測し、その所見をまとめ、『人類学雑誌』に「明石市附

近西八木最新世前期堆積出土人類腰骨（石膏型）の原始性に就いて」（一九四八年、第六〇巻一号）と題する学術論文を発表した。わずか五ページのささやかな論文であるが、斯界《しかい》の大御所が、斯界随一の学会誌の戦後第一号において、センセーショナルな内容の原著論文を発表したということで、すぐに大きな反響を呼んだらしい。

この論文の要点を抜粋すると、

「……本腰骨を西八木礫《れきそう》層所出と断定することは之をシナントロプス（註──北京原人）及びピテカントロプス（註──ジャワ原人）と略ぼ同期として、……ブール氏の所謂プレホミニヅ（先行人類）の列に加えんとするに等しいのである。後述のごとく（註──「現代人には見られない原始的形態を有している」とのこと）本腰骨は此の比定に好適な原始的形状関係の多くを示し、ネアンデルタール級原始人類の腰骨が現生人類と大差なき形状を有するのと著しく異なっている。私は西八木腰骨の属する人類に Nipponanthropus akashiensis（註──「明石の日本原人」）の通称を与えたい」とある。

つまり、「明石人骨」が西八木礫層から出たと考えれば、また、その原始的形態のことを考えれば、北京原人やジャワ原人に匹敵する古い年代の化石であるはずだから、「明石の日本原人」（つまり「明石原人」）と命名するとの内容である。

ただし、長谷部博士の言う原始性とは、西八木腰骨の特異的形状のことを指す。北京原人やジャワ原人については、まだ当時は、腰骨が見つかっていないので、それら原人と同様に特異なのか、その逆の方向に特異なのか、実際にはわからない。長谷部は前者の方向に特異なのだと考えた。後者の方向に異形であるとの認識のもとに、あらためて、西八木腰骨の模型を形態学的に詳しく分析したのが、後述する遠藤萬里《ばんり》と馬場悠男《ひさお》の両博士である。

一人歩きを始めた「明石原人」

長谷部論文を熟読しても、西八木腰骨の異形性を「原始性」と考える根拠については、よくわからない。骨全体に「骨が厚いこと」、「性特徴が弱いこと」くらいかもしれない。もしかしたら、北京原人に対する長谷部の異常なほどの執着心がそう言わしめたのではなかろうか。日米開戦前夜のどさくさのなか、それまでに北京近郊の周口店《しゅうこうてん》遺跡で発見されていた北京原人の化石類は右往左往した。結局のところ、行方知れずになってしまう。日本軍が北京周辺を占領した頃、長谷部が、それら化石類を血眼で探していたことについては、多くの証言が残る。その「博士の異常な愛」こそが、長谷部の「明石人骨」に対する目を北京原人のほうに向かわせる一因となったのではあるまいか。

あらためて申すが、まこと「明石人骨」の形態は奇妙である。ともかく異様なほどに小さい。たしかに「厚め」である。男性骨か女性骨か、まぎらわしい。その後に発見された猿人類や原人類の腰骨を左側、現代人のものを右側に置き、「明石人骨」をブラインドテストで試すならば、たいていの人骨研究者は、さらに右に置くはずだ。そんな形態なのである。

なによりも奇妙なのが、「男性らしくも女性らしくもある」ことである。人類の進化のたまもの、直立二足歩行をするようになったため、さらには大脳化のせいで、人間の骨盤には性差が非常に顕著である。実際、「明石人骨」くらいの大きさの断片で残る現代人の腰骨を専門家が鑑定すれば、せいぜいのところ、一〇〇個に二個くらいしか、性判定を迷うことはなかろう。ところが「明石人骨」については、多くの研究者の意見が分かれる。いわく「性別不詳」、「成年男子」、「男女不明」、「女性の骨らしい」（すぐに「壮年男性」に変更）、「女性的な未成年骨」、「男性骨」、「どちらとも決めがたい」などの所見が発表されている。こんなことは、人間の腰骨を性別判定するときは非常に珍しい。

長谷部論文の最後のパラグラフには、次の一文がある。

「本邦に最新世前期人類が棲息した事実があったことが明らかにされるならば、それは大陸との間に歩行によって進出するに適した陸地連続を推定させ、日本人の出自問題に若干の示唆を与えるは当然である」

まわりくどい表現であるが、神代以前の日本列島に、すでに更新世（最新世）前期の頃から古いタイプの人類が住み着いていたのなら、そこから日本人の出自に関する問題を出発させる必要があろう、と言わんとするようだ。日本人の起源が非常に古くにさかのぼるというわけだから、敗戦で打ちひしがれた当時の社会状況のなかで、大いにもて囃《はや》されたことは想像に難くない。実際、ほどなくして、日本史の教科書などで「明石原人」が一人歩きを始めるようになる。

「言人」が「幻人」を「原人」に持ち上げた

ともかく、「明石人骨」は「寝た子が起こされる」ことになった。戦争のさなかに灰燼に帰した「明石人骨」が、敗戦後の復興期に向かう頃、「明石原人」として華やかに復活することとなったのである。

ただ長谷部論文は、それこそ、明石人骨をめぐる舞台に忽然と乱入した（お邪魔虫のように）感が否めない。なぜかといえば、その論文そのものは、たいして評価できるような代物ではないし、それよりなによりも、原人類の化石骨とみなす根拠が乏しすぎるからだ。「明石人骨」について、はじめて学術的に報告し、計測学的に検討したことは評価できるが、ともかく主観的な言いまわしが目立つ。もちろん海外の人類学者は無視に近かった。つまるところ、戦後の復興期に向かう日本社会に、日本の人類学に、喝を入れるためだけに生まれてきたような論文なのである。それが過剰にもてはやされたのだ。

なにしろ長谷部は、戦前から戦後にかけて、東京大学人類学教室を象徴するような人であった。日本人類学界の大御所であった。そんな博士が言い出したのでなかったら、「明石原人」は生まれなかったのではなかろうか。もちろん私は、個人的には知らないが、権威が権威を重ね着したような人だった、という類の話は聞いたことがある。さらなる権威を身に着けたということだろう。

日本人起源論の脈絡のなかで、長谷部は「日本人変形説」の提唱者として知られる。『日本人の祖先』（岩波書店、一九五一年初刊）などで、その説を展開した。最初に日本列島に来た人類（つまりは「原人類」）の子孫が日本列島に連綿と息づき、時代とともに身体特徴は変化したけれども、基本的には、のちの渡来人の影響を強く受けることなく、現代日本人まで続いた、という仮説である。

いずれにせよ突然と「明石原人」が、日本史の舞台に舞い降りて、そして日本史の教科書などに登場することになった。

問題は決着した

一九八二年のこと、「明石原人」問題に新たなる動きがあった。東京大学の遠藤萬里と国立科学博物館の馬場悠男とが、「明石人骨」模型を形質人類学的に再検討して、研究論文を発表し、大きな衝撃を与えた。かくして明石人骨は、ふたたび現実世界に連れ戻される。

かねがね長谷部が指摘する明石人骨の「原始性」に疑問をいだいていた両氏は共同研究に着手し、すでに続々と報告されていた世界各地の化石人類の腰骨との比較研究を進めた。こまかな計測値と非計測形質を、ようやく流行してきた多変量解析の方法で分析した。そうして、さらに一九八五年と一九八六年とに、矢継ぎ早に「ザ・形質人類学論文」といえるような詳細な研究論文を発表した。

その結果は、やっぱりというか、彼ら二人が予期した通りだった。明石人骨の形態は、北京原人などの原人類のものどころか、ネアンデルタール人などの旧人類や港川人などの新人類のそれにも相似せず、むしろ、縄文人以降の完新世人のそれに近いという結論だった。

もちろん反論や批判は少なくなかった。ことに直良に近い人たちは、「化石化」をキイワードに反論を展開した。だが、これは水掛け論だ。なにしろ実物が残らず、古い写真や証言に基づくだけだから、反論にもならない。それに骨の化石化は、その骨が置かれていた条件で速くも（石灰土壌や海水のなか）遅くもなる。つまり「化石化」は、古さの表象ではあるが、古さの決め手とはならない。

国立歴史民俗博物館の春成秀爾らは、明石人骨が出土したとされてきた明石の西八木層で、おおがかりな発掘調査を一九八五年に実施し、大冊の報告書をまとめた（『国立歴史民俗博物館研究報告』第一三集、一九八七）。新たな化石人骨を発見するには至らなかったが、同層が六〜七万年あたり前にまでさかのぼることが判明した。さらに木製品の遺物を発見するなどの副産物をえた。ただ、明石人骨が同層から出たことを証するわけではない。日本の旧石器時代が、その年代までさかのぼる可能性を示しただけである。

さらに、その報告書では、東北大学の百々《どど》幸雄が明石人骨模型の形態を詳細に再検討した論文をまとめた。その結果、非常に特異的であり、繊細性があり、なにかの病因による変形があるのだろうとの見解を示した。そして、「あきらかに完新世人骨、現代人のものと考えてもおかしくない」と考察した。

ようやく、明石原人問題が決着した。日本列島に明石原人はいなかった！

「明石原人」に対するわが思い

いささか長めの蛇足のようだが、最後に、「明石人骨」あるいは「明石原人」に対するわが思いのようなものを述べておきたい。

まず思うのは、その発見者である直良の人となりのこともあってのことだろうか、判官びいき的に語られることが多いのが、いささか残念ではある。直良をモデルにした松本清張の小説『石の骨』などの影響もあるのだろうか。直良ファンが少なくなく、ときに原人問題さえもが情緒的に語られやすい。

それよりも残念なのは、「明石人骨」の出土状況が曖昧にすぎること。これは、直良自身が十分に報告していないことが原因の一つであり、当時の専門家たちも、そのあたりを冷静に判断したからこそ、あまり深く関わらなかったのではあるまいか。なぜゆえに直良は、そうした記録を残すことをしなかったのだろうか。大きな謎である。

それに関係して、ともかく「明石人骨」の初動的な取り扱いにも問題があったのではなかろうか。たとえば、人骨を最初に鑑定依頼するときの仕方とか段取り、保管方法などである。

うまく進めておれば、もう少し早い段階で、空襲で消失する前に問題を解決できたのではなかろうか。それに、「化石化」云々《うんぬん》の論争もよけいだったように思う。現物なしでは、たんなる水掛け論である。

それにしても、不幸な出来事（戦災など）や、数奇な運命にもてあそばれたものよ、と思わずにおられない。長谷部言人という権威の気まぐれに遭遇したのも、まさに受難、という言葉がふさわしい。むりやり祭り上げられてしまい、日本史の教科書にまで登場することになるのだから。もしも現物が残っておれば、もっと早く人骨の素姓は判明したかもしれぬ。

いずれにしても、「明石原人」説はまちがいだった。この誤謬《ごびゅう》さえなければ、続く「高森原人」（東北原人）説が、そう簡単に権威づけされることはなかったはずだ。できるだけ古くまで歴史を引き伸ばそうとする戦後日本の願望のようなものが、「明石原人」で芽生えて、それが容易に「高森原人」につながっていったのではあるまいか。たいした裏付けや証拠もないのに、原人論を一人歩きさせ続けた結果が、「高森原人」の幻影ではなかろうか。

いずれにしても、「明石原人」をめぐる「明石人骨」論争は、それ自体が日本の人類学界における、あるいは、明石市が誇るべき無形歴史遺産なのではあるまいか。ともかく、西八木層が旧石器文化の包含層らしいと判っただけでも値打ちがあろう、というものだ。

「高森原人」事件の顚末

「明石原人」に交代するかのように日本史の教科書に登場したのが、通称「高森原人」、あるいは「東北原人」である。一九九〇年代のことである。多くの成書で、たとえば、次のように記述されていた。

日本列島に住み着いた最古の人類の痕跡は、地質年代では更新世の中期（約五〇万年前）、文化編年では前期旧石器時代まで遡る……宮城県高森遺跡などで石器類が発見され、それら遺跡の地層が年代測定された結果、おおむね四〇～七〇万年前であると判明、それら石器類の製作者（あるいは使用者）が、北京原人の仲間であった可能性が高い……。そんなわけで「高森原人」と呼ばれるようになった……。でも、人骨化石が見つかったわけではないから、まだ「高森原人」の実像はよくわからない……いずれにしても、大陸方面から北京原人の仲間が、氷河期の海退現象で陸続きとなっていた当時の日本列島にやってきたに違いない……。高森遺跡の石器については、周口店遺跡で北京原人の化石骨と一緒に見つかった石器に類似すると指摘される……

だが二〇〇〇年一一月五日のこと。『毎日新聞』のトップページ全体に、驚天動地の特ダネ記事が躍った。「旧石器発掘ねつ造」という大見出しの記事には、宮城県の高森遺跡などで発掘調査を主宰した一人である某氏が、暗闇のなか怪しげな風情で石器を埋めるスクープ写真とともに、「自らが埋める、魔がさした」とあった。

すぐに考古学界は、てんやわんやの大騒ぎ。高森遺跡をはじめ、その手の石器が出た遺跡は、最終的に、ことごとくが捏造であることが判明した。そもそも、それら旧石器そのものが、真っ赤な偽物であることも判明した。ともかく縄文時代の石器などを、いつも用意していて、発掘調査のたびに埋めていったのだそうだ。つまり、そこにあるはずのない石器を、あらかじめ埋めておき、おもむろに掘り出してみせる、という自作自演のトンデモ事件をしばしば起こした。その帰結が「高森原人」だったというわけだ。

かくして「高森原人」は偽物と判明、その名前は、ばったりと消えていった。

なんとも後味の悪い顚末ではある。学問の世界では、あってはならない話なのだが、それ以上に解せないのが、よくもそんな大それた行為がまかり通ったこと。それとともに、よくもまあ、こんな杜撰《ずさん》な発見話が学界で公認されたものだなあ、という驚きであった。

いささかなりとも考古学の発掘現場を知る者ならご存じだろうが、発掘調査などは団体行動である。他人の眼を盗み、なにか怪しいことをなし遂げるのは難しい。それに悠久の時間を経て土中から発見される物には、土との親和性というか、一種独特の「手触り感」があり、新しく埋められた物とは容易に区別できそうなものなのだが。

ともかく、新しい発見は一朝一夕には公認されない。さまざまな検証が延々と続くものだが、この件は様子がおかしい。次から次と、新たなる石器が見つかり、しかも、だんだんと古い時代のものが見つかる。それらは、すぐに公認される。いわゆる「お偉いさん」たちのお墨付きや、新聞やテレビの張りきりすぎが、怪しげなる話を権威づける助けとなったのかもしれない。

だが実際には、この手の発掘捏造事件は、あることにはある。なかでも有名なのが、ピルトダウン人事件である。これは一九一〇年代のイギリスで起きた化石人骨などの捏造事件であるが、前期旧石器時代の遺跡から発見された人骨化石が実は偽造品であった、というもの。かの有名な推理小説作家のC・ドイル（ホームズ探偵の産みの親）も絡んでいたとされるが、真相は藪《やぶ》のなか。

いずれにせよ人間は、功名心・名誉心・自己顕示欲・いたずら心などに、ときに負けてしまうのだろうか。ことに研究活動などで、そんな事件が起こるのは、なんとも残念なことだ。それと同時に、考古学や人類学に限らず、多くの学問分野において、その筋の権威が旗を振り、十分な検証もないのに特定の研究を必要以上に持ち上げることがあるのは気がかりだ。学問の世界でも「人間関係」や「人間模様」が、ときに世間を迷わせる。「高森原人」の場合も、その例にもれない。メディア解説や講演などで、さんざん、お墨付きを与えておきながら、事が発覚するやいなや、「性善説で考えていました」などと遠ざかる御仁もいた。それに考古学の遺跡や発掘などでは、「町おこし」や「地域名所振興」などのことが絡み、国民のアイデンティティの問題も複雑に紛れこんでくるので、たいへん話がややこしい。

余談だが、二〇〇〇年一一月五日の件《くだん》の『毎日新聞』記事には、ほんとうにたまげた。もちろん、世紀の特ダネということもあるが、個人的な出来事と見事なまでに同調したからだ。その前日まで、東京で日本人類学会に出席、大勢で打ち上げ酒。何人かと雑談。「石器しか見つからないのは気持ち悪いね、怪しいんじゃあないの、夜中に誰か写真でも撮ってみたら」などと冗談で盛りあがった。その翌日だったわけだ。毎日新聞の記者は、まさに夜中に写真を撮り、動かぬ証拠をつかんだらしい。それにしても浮かばれないのは、「高森原人」

の化石探しに取り組んでいた人類学の研究者たちであり、当の石器類が出たとされる遺跡の年代測定に心血をそそいだ専門家たちである。亡霊のようなものに翻弄されていたわけだ。どちらにも親しい友人がいる。なんとも悔しすぎる事件ではあるまいか。

人類学や考古学などで古い遺跡を発掘することは「一回きりの実験」をすることだ、と言われる。たいていの場合は発掘調査をすれば、「覆水盆に返らず」のたとえどおり、貴重な遺跡を原状に復元するのは難しい。だから事件の解明も容易ではない。考古学の研究活動に対する信頼の回復を願わずにおられない。

おわりに

　ながらく人類学をなりわいとしてきたが、このたび「身体人類学のすすめ」風の小書を著すことになった。さて、どんな内容にしたらよいものか。わが心は千々に乱れた。むかし取った杵柄《きねづか》を探しに探した。はたして、出来映えはいかがだろうか。

　ところで、二一世紀になってからの大学におけるわが教員生活は、大学院教育だの学部講義だので、さながらティーチング・マシーンのごとくであった。それがゆえに、欲求不満のかたまり。もう頭のなかは、まるで「欲望という名の電車」のようでもあった。

　そんなこんなで、アレも書きたいコレも書きたい、ソレについても言及してみたい、そんな状態だった。いろんなテーマが浮かんでは消え、消えては浮かぶから、らちが明かない。

　ともかく、なにかを捨てない者には、なにも得られないことを痛感した。そうした後で残ったのが、本書の中身である。

捨てずに残す基準は、自分ならではのテーマ、これまでの研究活動と密接に交差するテーマ、あまり公式的ではなくディテールを盛らないようなテーマ、いささかでも希少性のあるテーマとした。

これらのテーマにつき、わが人類学徒としての思考の遍歴を縦軸にして、いまのいま、大学生や高校生の人たちに伝えたいメッセージを横軸として、つづれ織りのように編集しようとした。いかがであろうか。

「はじめに」で記したように、最小限のテーマを連想ゲームのようにつなげるべく工夫をこらした。伝えたいメッセージをキイワードであらわすと、まずは「身体主義」人類学のこと、人間の汎地球分布と移動性と多様性、人間と海の関係の歴史、ポリネシア人のユニークさ、いわゆる「人種」のことなどだ。

とは言っても、私ももう「学問は尻からぬけるほたるかな」の年頃だ。こまかい知識が頭髪のように抜け落ちている現実に気づき、愕然《がくぜん》。皮膚をカサカサ、眼をしょぼしょぼ、脳内をゴソゴソとやりながら、落し物、忘れ物、まぎれ物、失せ物の知識を探すのに苦労し、やり残した事の多さに血のひく思いもした。

寄せ集め、いや、ごった煮のようだ、と評される方もおられよう。だが、私の目論見は、そうではない。五目飯のごとき味わいを出そうと題材や具材を混ぜ合わせたつもりである。そつなく調理できたかどうか、その判定は、もちろん読者に委ねるほかはない。胡椒《こしょう》加減も塩加減も旨《うま》くできたことを願う。

ともかく、ささやかではあるが、なにがしかの独特な風味、塩味苦味癖味のたっぷり利いたはずの手料理を味わっていただければ、まことに幸甚に存ずるような次第である。

最後となったが、本書の編集を担当していただいた筑摩書房の松田健さんに深く御礼を申し上げたい。「歳月人を待たず」の年頃となったわが身のうえからは時間だけが、どんどんと経ちていく。ともかく、とりかかりの段階で時間を要したうえに、要領の悪すぎる私は迷惑のかけ続けだったのではないだろうか。そんな気がしてならない。

二〇一六年八月一日、鈍孤庵にて

片山一道

参考文献

本書の各章は、これまでに著者自身が、なんらかのかたちで刊行された出版物で提示したアイデアをもとに、それを下敷きにしながら再考し、書き下ろした。各章で参考にした出版物は、以下の通りである。

第1章

片山一道「人間とは何か」、『科学朝日』一月号、一七～二二頁、朝日新聞社、一九九四年

片山一道「人間は考える「足」である」、『考える足』(片山著、単行本)、二～一七頁、日本経済新聞社、一九九九年

第2章

片山一道「自然人類学のフロンティア②ポリネシア」、『人類学がわかる』(AERA Mook 8)、六七～七一頁、一九九五年

片山一道「第二章　南太平洋のアジア人」、『ポリネシア　海と空のはざまで』(片山著、単行本)、三五～六六頁、東京大学出版会、一九九七年

第3章

片山一道「人種の分化はなぜ起こったのか?」、『歴史読本ワールド』一一月号、五四～六〇頁、新人物往来社、一九九二年

片山一道「人間の多様性とは何か」、『考える足』(片山著、単行本)、一八～三二頁、日本経済新聞社、一九九九年

第4章
片山一道「民族の表徴としての身体――人種神話への決別」、『叢書　身体と文化1　技術としての身体』（野村雅一・市川雅編、単行本）、一八一～一九九頁、大修館書店、一九九九年
片山一道「日本人の生物人類学者にとって、「人種」とは何なのか？」、『人種概念の普遍性を問う』（竹沢泰子編、単行本）、四八七～四九八頁、人文書院、二〇〇五年

第5章
片山一道「海の考古学」、『大航海』八号、二四～三二頁、新書館、一九九六年
片山一道「海をめぐる人類史」、『海　知られざる世界　1』（NHK「海」プロジェクト編、単行本）、四八～四九頁、NHK出版、一九九八年

第6章
片山一道「ポリネシア人とラグビー」、『現代スポーツ評論』四号、一八～三二頁、創文企画、二〇〇一年
フィリップ・ホートン（片山一道編訳）「第二章　人びとの身体特徴」、『南太平洋の人類誌――クック船長の見た人びと』（単行本）、四一～八七頁、平凡社、二〇〇〇年

第7章
片山一道「第二講　日本列島の旧石器時代人の面影」、『骨考古学と身体史観』（片山著、単行本）、五二～九四頁、敬文舎、二〇一三年
片山一道「第一章　旧石器時代人」、『骨が語る日本人の歴史』（片山著）、一五～三七頁、ちくま新書、二〇一五年

chikuma primer shinsho

ちくまプリマー新書265

身体《しんたい》が語《かた》る人間《にんげん》の歴史《れきし》　人類学《じんるいがく》の冒険《ぼうけん》

二〇一六年十月十日　初版第一刷発行

著者　片山一道（かたやま・かずみち）

装幀　クラフト・エヴィング商會

発行者　山野浩一

発行所　株式会社筑摩書房
東京都台東区蔵前二-五-三　〒一一一-八七五五
振替〇〇一六〇-八-四一二三

印刷・製本　株式会社精興社

ISBN978-4-480-68971-9 C0245　Printed in Japan

乱丁・落丁本の場合は、左記宛にご送付ください。
送料小社負担でお取り替えいたします。
ご注文・お問い合わせも左記へお願いします。
〒三三一-八五〇七　さいたま市北区櫛引町二-六〇四
筑摩書房サービスセンター　電話〇四八-六五一-〇〇五三